猫の品格

青木るえか

文春新書

695

猫の品格◎目次

第六章

猫の品格と人の品格

まえがき

猫ブーム

猫ブームであるらしい。

猫特集の雑誌。

猫の写真集。

猫のホームページ。

どれも人気が高い。とくに、猫のホームページ。

私はマイナージャンルのファンが集まるホームページをやっていたことがあるが、けっこう手をかけてつくってたつもりだったが、見に来る客は日に十人とかだった。

なのに、猫の写真が数枚ぺたぺたと貼ってあるホームページには客が毎日何百人と来たりしている（そういうページには必ずカウンターがついてるのだ。それもごていねいに

「きのう」「きょう」「総数」がわかるようになってるやつが)。猫の動画が見られるようなちょっと凝ったページだと、日に何千人と来ているではないか。

ねこ鍋《なべ》、なんてネットの動画が本にまでなってしまった。猫が土鍋に入って寝てるだけだぞ。

ほかにもいろんな猫ブログが書籍となり、書店に平積みになっている。売れているらしい。他にもっと面白い本はいくらでもあるのに、売れるのは猫モノの本なのか。

猫ならいいのかなんでも!

…………。

はい……。

猫ならなんでもいいんです。

猫に取り憑《つ》かれた者は、そういうふうになってしまうのである。

猫レーダー

取り憑かれる?

そう、取り憑かれる、だ。

猫に取り憑かれてしまう人間というのは、ふだんそのへんを歩いている時からもう、アミを張って歩き回っているようなものだ。猫を捕まえるためのアミ。

じっさいに生身の猫を捕まえるためではない。まあ、たまにこっちが捕まえないとこいつの将来はない、と思うような哀れなヤツを見つけると、しんぼうたまらず捕まえてしまうこともある。

アミは張りめぐらせているのではなくて、気がつくと張りめぐっている。猫の影、猫の動き、猫の空気、猫の雰囲気、そんなものを常にキャッチすべく、体のまわりにレーダー網が張りめぐっている。勝手に。レーダーを切ることはできない。

生身の猫の気配があれば、ただちにレーダーが反応する。ピピピッと。猫の種類（ペルシャとかシャムとか雑種とか、そういう種類のことではない）によっては、ピピピではなく「ガーガーギャーギャー！」と、チェルノブイリでいまだに激しく鳴り響くガイガーカウンターのように、危険信号を発する。

レーダーの精度は高い。

アミの目は細かい。花粉をもシャットアウトするというハイテクマスクぐらい細かい。もう息がつまるほど細かい。

私が今住んでいるのは田舎《いなか》なので、あたりにあるのは田んぼと畑ばかりである。冬枯れの田んぼ。ワラが散乱している。黄土色というか薄茶色というか、そういう地面がえんえんと広がっている。そんな地面のワラだまりに赤猫が丸くなって寝ている。

（ちなみに、赤猫、というのは私はふつうに使っている言葉なのだが、通じないことがあるみたいなのでいちおう説明しておくと、茶色い猫です。キジ猫ではない。『子猫物語《こねこものがたり》』の……というのももうすでに古いが、あれに出てきた主人公のチャトランみたいな毛色。全身が茶色というか黄土色のトラ猫。あれを赤猫と呼んでいます。猫の毛色の場合、あれが「赤」なのだ。「赤猫は繁殖力が旺盛《おうせい》」という古人の箴言《しんげん》もあるが、じっさいはどうなのか知らない）

稲ワラの中の赤猫というのは、闇夜《やみよ》の黒猫、白猫の雪中行軍、キジの群れの中のキジ猫、と同じぐらい保護色で目立ちにくいのに、サッと捕獲してしまうのだ、私の猫レーダーは。もちろん同様にして、闇夜で黒猫、雪の日に白猫、キジ舎にひそむキジ猫などもきっちり見つけることができます。

生ぬるく人生が変わる

見つけたからどうということもない。

いちばんよくアミにかかるのは、私が自転車に乗っている時で、だいたい十メートル先ぐらいにいる猫をアミにかけるわけだが、自転車なんで通り過ぎてしまう。次の曲がり角まで行ったあたりで思い直してブレーキを踏み、方向転換して猫が見えた場所までのろのろ戻ると、もう猫は去っていることが多い。まだそこにいたとしても、だいたい私が遭遇する猫は陰気な性格か、陰険な性格か、臆病者《おくびょうもの》か病気なので、人を見たらびくびくと逃げようとするだけだ。「チュッチュッチュ」と舌を鳴らして呼んだって来やしない。だからただ十数秒見つめ合って終わるだけのことだ。

猫と別れてふたたび自転車を漕《こ》ぎ出し、今の猫は器量悪かったなあ、などと思い返すこともあまりない。ごくふつうの、息を吸ったら次には吐く、というような感じで、猫を見つけ、猫を見送り、猫を忘れる。

猫に取り憑かれると、そのようになる。

なんだ、そんなこと、「取り憑かれる」というような、不吉なコトバで言うほどのことじゃないじゃないか、と思われるかもしれない。

それが違うのだ。

猫に取り憑かれると、もう、人生が変わってしまう。

いいほうに変われば万々歳だし、ものすごい不幸に襲われたとなったらそれはそれで面白いかもしれない。しかし、猫に取り憑かれて変わる人生というのは、もっと生ぬるい、その中にはまりこんでしまったことに当分は気づかず、ふと気づいたらもうアゴの上までどっぷりと浸《つ》かりきっていて、側《そば》には手がかりになるものも何もなく、必死でそこから這《は》い上がろうとしても力を入れた手足がずぶずぶと沈んでいく、というような泥沼みたいなものなのだ。

猫ブーム、とかいって猫の人気を煽《あお》るのなら、そういうこともちゃんと注意事項として言っておくべきなのではないか？　タバコの箱に「喫煙は、あなたにとって心筋梗塞《こうそく》の危険性を高めます」とか印刷されているように。

なのでここでも、大書しておきます。

猫に取り憑かれると、人生変わる。それほど劇的でもなく、生ぬるく、変わります。

第一章
猫好きを信用するな

ふと見せる気弱な風情

猫の好きな人間は信用ができない。

猫が好きと広言するやつを信用してはならない、と言いたい。

猫なんか仕方なく飼うものだろう、ということは猫を実際に飼っている人間には身に染みてわかっているはずだ。

猫が好き、という女はモテたいからそう言っているのだ。「へえこの子、動物好きな心優しいイイコなんだな」と男に思わせるための手管であって、そんなもん信じてヤニ下がってるやつはバカモノである。

たまに、猫が好きなんです、という人で、ああほんとにこの人は猫が好きなんだろうなあ、と思わせる人はいる。それはまず、見た目でわかる。

本当に猫が好きな人、は見た目がさえない。

猫と共にある生活をしていると、どうしても人間がさえなくなってくる。

なので、よく雑誌なんかに出てくる有名人とその飼い猫のグラビアなんかも、注意深く見なければならない。有名人のグラビアであるから有名人も猫も当然小ぎれいに写っている。いつでも私は猫の表情と有名人の表情をじっと観察する。猫はバカ、あるいは不遜《ふそん》の表情を見せている、そして飼い主は疲れ、あるいは参ったなあ、とほほ、という気持ちがその美しい表情から透けて見える、というような写真があったら、それは本当に猫を好きな人であり、それなりに信用もできる。今までに見た「猫グラビア有名人」で信用できると私が太鼓判押したのが全国金満家教会会長でサラ金の杉山《すぎやま》社長と、内田百閒《うちだひやっけん》と、名前はわからないが大昔に見た宝塚《たからづか》雑誌に載っていた男役スターである。

杉山社長は、人間として信用できるかといえばそのへんはちょっと難しい。そもそも、この人が飼い猫を抱いて「自慢のまい・ぺっと（こういうのはなぜかひらがな）」とかの雑誌のグラビアに登場したわけではなく、まだこの人が金満家教会を設立する以前、悪徳サラ金社長としてワイドショーにガンガン出ていた頃《ころ》に、カメラが社長の事務所にいったらその事務所に猫がいて、この一回だけテレビに映った猫のことを森茉莉《もりまり》も『ドッキリチャンネル』で書いていたことがある。まあとにかくすごいばかりのふてぶてしい猫だったのだ。

杉山社長は下品を絵に描いたような男で、コワモテで、猫を可愛《かわい》がっているようなそぶりも見せるわけはないのだったが、猫のほうもそんな杉山社長におびえるでもなく、事務所の中をのそのそと好きなように歩き回っていて、そんな猫に対して杉山社長はなんとなーく、ふと気弱な風情を見せるのだ。ほんの、ちらっと、わずかに見せただけのこの気弱さを私は見逃さなかった。この気弱さこそが重要である。金返さない客には「腎臓《じんぞう》売ってカネつくれ」と迫る杉山社長も、飼い猫に対しては夜中にフンされたら「チッ、くせえなあ、眠いのにちくしょう」とかいいながらパジャマでフンの始末とかしてるだろう、という感じ。杉山社長が没落して無一文になったら持ち物はあの猫一匹だけで、ふたりわびしく四畳半一間のアパートで暮らしてるんじゃないか。そんなドラマが思い浮かぶ。

宝塚男役スターの黒猫

猫とその飼い主の間に、いかにしょぼいドラマが思い浮かぶか、というあたりに「こいつはほんとに猫と触れあっている」か否か、がわかるというのが私の主張だ。

内田百閒。この人の猫とのつき合い方は、『ノラや』を読めばただちにわかる。はた迷惑の段階までいっちゃっているのだ。猫にとっても迷惑、まわりの人間にとっても迷惑。それぐらい猫に入れ込んでしまっている。愛猫がいなくなり、必死の思いで探す。似た猫の死体があると聞けば、行って検分する。猫のことになるとまわりがまったく見えなくなる。猫とその飼い主が、「いかにまわりに迷惑をかけて気づかないか」で、「そいつはほんとうに猫と触れあっている」かがわかるというのが私の主張だ。

昔の宝塚雑誌で見た、名前も忘れた男役スター。これは珍しいケースで、私の唱える、「本当の猫好きは見た目がさえない」という説からいくと、スターってだけでもうアウトなわけだが、この人はほんとに猫好きなんだと思わせるものがあった。

雨の日、道を歩いている時にすり寄ってきたので思わず拾ってしまったんです、というキャプションとともに紹介されていたのが、めったにないような美しい黒猫！

黒猫を飼ったことのある人ならわかってもらえると思うんだが、黒猫というと神秘的とか美しいとか、そういうイメージがある、あれはうそっぱちだ。黒猫はぶさいくなのが多い。というか、ぶさいくが目立ちやすい毛色だ。黒猫を見ると、鼻の穴のやけにでかいやつがいる。ははは、へんなかお〜、と思って自分のとこの猫（キジ猫）をじっと見てみると、同じような鼻の穴の大きさではないか。なので隣の部屋で寝ていた猫（白黒猫。鼻部分は白）を起こしてきて観察すると、やはり同じような鼻の穴の大きさである。

黒猫の、あのいちめん真っ黒な顔に、光があたってツヤツヤすると（黒猫というのは毛ヅヤのいいのがなぜか多い）、鼻や口元がへんなふうに強調されるのだ。美しい黒猫の写真というのは、だいたいはカメラマンが撮ったクロウト写真で、シロウトが写ルンですかなんかで撮ったものは、フラッシュ全開で光が黒猫の顔面全体に反射して鼻の穴は広がって見えるわクチビルはへんにめくれあがって見えるわでとんでもない写真になるのだ。うちに以前いた黒猫も、写真ができあがるたびに「こんなはずではなかった」と落胆させられる写真写りの悪さだった。というか、ほんとに器量も悪かったのかもしれないが。とにかく黒猫は鼻の穴が大きく見える。

しかしその男役スターが抱いていた猫はきれいだった。雑誌に載るぐらいだからカメラマンが撮った写真かと思ったが、構図やフラッシュの影がクッキリと出ちゃっているところからして、これはシロウト写真だ。シロウト写真にしてこの美しさ！　ちょっとあの黒猫のキレイさは忘れられない。

「こいつはホンモノだ」

歌劇の男役スターが美しい黒猫。実に絵になる。というか、本来なら私がもっとも「こういうのは信用ならん」と思う組み合わせだ。そもそも宝塚のスターが自分で猫の世話するとは思えん。東京公演《とうきょう》で一カ月留守にする時はどうするんだ。ペットホテルか。それともファンクラブに猫の世話させるのか。どっちにしろ猫で苦労をしているとは思えない。ちゃんと下痢便やげろの始末もしているのか。替えたばかりのシーツにげろをされてすぐまた替えようと思ったけど替えは洗濯してまだ乾いてない、しょうがないからシーツ無しのフトンで寝る、シーツがないなんて布一枚のことなのに裸のフトンで寝るというのは相当に意気阻喪するものだ、というような経験をちゃんとしているのか？　そうでない人間が猫を好きだとかなんとか言う資格はない！……と私はしょっちゅう怒っていた。

宝塚雑誌には私を怒らせるタイプの猫好きを標榜《ひょうぼう》したスターがいっぱい出ていて、その中でその美黒猫と男役スター（名前を忘れたのは痛恨である。猫のほうに気を取られたからなあ）は、何かが違った。何が違ったんだろう。これぱっかりは、その写真を見て判断してもらうしかない（といっても、それが何年の何月号だったかもわからないので自分で見かえすこともほぼ不可能）。思うに、その時のスターは、その美しい黒猫を、それほど貴重なものとも思わず、ただすり寄ってきたから拾ってやって困ったもんだけどカワイイんだよなーもー的に見てる感じがしたのだ。ふだんは男役スターであるからビシッとキメてキザなポーズをしてみせたりしてるのに、猫と一緒にいる写真およびそのコメントではただの親バカ。ダレた顔をしていた。これでその猫がぶさいくだったら「親バカめ」と嗤《わら》うこともできるが、何しろ猫が超美猫だ。バカになるのも当然か、と納得させられる。しかし考えてみれば鼻の下を伸ばしたバカであるという状況には変わりがないわけで、そんなバカっぽさを、なんでもないことのようにして雑誌で見せてた、あのあたりにあのスターの「人の良さ」みたいなものがにじみ出ていて、そのあたりが「こいつはホンモノだ」と思わせたのだろうか。

猫の天使

美女と猫、というのも落とし穴の多い組み合わせだ。猫をアクセサリーに使う女は多い。以前、黒猫占いというのがあると聞いて、身を乗り出した。それはいい。どんなふうに黒猫を使うんだ。道を歩いていて出会った黒猫のタイプの違いにより、運命を占うのだろうか。それとも猫の寝相などを見るのだろうか。あるいは視点を変えて〝猫の運勢〟を占うほうなのだろうか。それはなかなか新機軸だ。「クロさん、あなたの今日のラッキーフードはカルカンのアジ缶よ！」とか。猫が好きな人なら、そういう占いが成立する、ということはわかってもらえると思う。

が。その後、話を聞いたら、黒い服着て猫耳つけてただのタロットやるとかいうフザケたことをやってやがるのだった（今現在、ちゃんと黒猫を使う、あるいは黒猫の運勢を占う〝黒猫占い〟の方がいらっしゃいましたら、その方とはこのパチモノ黒猫占いは無関係です、といちおうお断りしておきます）。怒髪天を突くとはこのことだ。こういうのが、猫をバカにし、猫好きをバカにし、猫を使ってモテようという、もっとも悪い一例だ。で、また、この程度のことでモテさせてしまうという、今の日本はとても甘い状況にあると思う。猫を使ってモテようという安易な人間を甘やかすこんな日本にしてしまったのは、戦後民主主義のせいなのか五五年体制のせいなのか。まったくけしからぬ。

美女と猫、といえば、私の知人で美人がいて、彼女も猫好きを自称している。ふだんの私ならそんな話を聞いても「けっ」てなもんだが、そして彼女の猫とのつき合い方を聞くと、拾った猫の世話は人にさせたりしていて、私のカンは実に鋭いと思うところなのだが、さらによく聞くとちょっとちがう。とにかく捨てられた猫や、神社に放置された病猫など見ると手当たり次第拾う。拾った猫を、まわりの人々に下げ渡す。ある種とんでもないともいえる行いなのですが、何しろ彼女が美人でかっこいいもので、みんな取り憑かれたように猫を引き取ってしまうのである。私の知ってるある人など、猫が大嫌いであったにもかかわらず美女から猫を引き渡され、どうなることかと思ったら携帯の待ち受けはその猫になるという変貌《へんぼう》を見せ、ついに先日その猫は天寿を全うし「猫が亡くなりました」という涙ながらのメールがきた。

そんなふうにして、猫好きな人にも猫嫌いな人にも、当たり前のように猫を引き取らせてしまう美人。これはある種の才能だろう。この人は美人だけどきったない猫や弱った猫困っている猫をぜったい見逃さず、猫の生げろも平気だしもちろんフンだって手でさわれる。だからえらいってわけではないが、これができない人はけっこういるからな。自分で育てないにしても、これは一種の「猫の天使」みたいなものなのではないだろうか。まあ、美人の猫好きというなら、これぐらいの能力を発揮してもらわなければ到底認められるものではない。

ほんとうの猫好きは、貧乏でうすぎたないなりをし、しょぼくれた性格、というのが、猫と長くつきあってきた私の出した結論だ。

だって、ぜったいそうなりますよ。

ほんとに猫が好きだと、どうしても複数匹飼ってしまう。その「ああーっ、どうしても飼ってしまうの……!」という、このこらえ性のなさ加減は、ふだんの金銭管理などにも遺憾なく発揮され、ずるずるとしなくてもいい買い物して払い込むはずの水道料金を払い忘れたり、人からカネ借りたりするようになる。こういう金銭にだらしない性格は、家を美しく保つとか自分を美しく保つという能力も著しくそぐ。そしてそんなカネにも身なりにもだらしない自分に自信が持てず（そりゃまあ、当たり前だ）しょぼくれてくる、となると「猫が好きです！」なんて元気に言ってる人間は「本当の猫好き」とは到底思えず、そんな部分で真実を言わない人間など到底信用できるもんではない。

ほんとの猫好きは、もっとすまなそうに暮らしてるもんだ。

第二章

ある猫飼い家の一日

1. 朝

ラマちゃんは百四歳

わが家の朝は午前四時に始まる。
別に早起きなわけではないのだが。起こされるのでしょうがない。
猫に起こされる。

この、起こす猫は二〇〇九年で二十二歳になる。昭和生まれの老猫だ。大阪《おおさか》の堺《さかい》にある、南宗寺《なんしゅうじ》という、千利休《せんのりきゅう》に関係あるらしいがまったく名所でもなんでもないただのお寺の前の道でぴんぴんと歩いていた子猫の時に見つけて、通りがかったおっさんが「こんなとこにいたら車に轢《ひ》かれてまうで！」と私に言うものだから思わず抱き上げてしまった、というきっかけでうちにやってきた。今思うと、その道はあんまり車も通らない道だったので、おっさんが猫を捨てたとたん通りがかった私を脅して拾わせた、のかもしれない。

それはそれは可愛い猫であった。クレアの猫特集を買うような方も「キャーッ」と思わず叫んで身もだえしちゃうぐらい。しっぽはダンゴ状だったけど。

しかしそれも過去の話だ。

動物病院に貼ってあった「猫ちゃんの年齢早見表」によれば二十二歳の猫は人間に換算すると百四歳である。

まさにそういう感じ。うちのおばあちゃんは九十四歳で死んだけど、こんなんだった。ガリガリのボロボロ。猫も人も、老いさらばえた姿は似てくる。

猫の名前はラマちゃんというんだが、百四歳のラマちゃんの見た目もボロボロだが中身ももうボロボロである。年取った猫は、必ず腎臓がヤラレるらしい。猫の体のつくりからいって、必ずそういうことになるらしい（なぜそうなるか教えてもらって「なるほど〜」と感心したのだけれどその内容は忘れてしまった）。そもそも昔は猫なんかばたばたと早死にしていたので、老化による腎臓病なんか表面化しなかったのだが、最近の「室内飼い励行」により猫の寿命が延びてきて、それに伴って腎臓病も増えてきたんだそうだ。

ラマちゃんもしっかり腎臓病で、何回か死にかけている。エサを食べなくなるのだ。そのたびに獣医さんに連れていって点滴したり注射したりして、生還を果たしているわけだが、最初のうちこそ「ラマちゃん死ぬのか」と涙ぐんだりしていたものの、こうなんべんも死にかかっては簡単に生還すると、「オオカミ少年」というような気持ちになるし、病院に連れてっても「お歳に不足はないですしね」と、先生と飼い主は微笑《ほほえ》んでいられるようになってしまった。

歯槽膿漏で歯はボロボロ

といって、死ぬのを願っているわけではないので、高いカネ払って「腎臓病用療養食」と「エサにかける、腎臓にいいとかいうススみたいな黒い粉」を毎食食わせている。

この毎食というのがクセモノだ。

療養食はドライフードのカリカリじゃなくてウエットタイプのエサで、老人猫だから歯も悪いのでウエットのほうがいい。

歯もボロボロ。歯槽膿漏《しそうのうろう》なんですよ。そういえば獣医に行くと受付に「猫チャン用の歯ブラシ」なんてのを売っていることがあり、まるで他人事のように眺めていた。しかし他人事じゃなかった。二十年、歯磨きをしないで暮らすとなると猫でも歯石がたまって歯槽膿漏になる。奥歯がガタガタになって、ラマちゃんはいっぺん、入院して抜歯のオペを受けた。治療費が全部で二十数万円かかったことを思い出した。

抜歯しても歯槽膿漏は他の歯に及んでいて、おまけに腎臓病からくる口内炎なもんで、固いものは食べられないのだ。

でも食欲は失せないので、カリカリをやってもちゃんと食べる。丸呑《まるの》みするのだ。それで大量に食べてぜんぶ吐く。まあ、歯のあるうちから食べたいあまり丸呑みしてぜんぶ吐くというクセのあるヤツではあったが。現在は病中なので、なるべく栄養はロスなく摂《と》らせたい。でもあんまりタンパク質を大量に与えると腎臓に負担与えるからそのへん気をつけないといけないのだが、でもラマちゃん二十二歳。人間で言えば百歳超。お歳に不足はない。好きなものを食わせてやろう。骨と皮の姿を見れば、これは先行きもそれほどなかろう。でも吐くとぐったりしていて可哀相《かわいそう》だから、ちょびっとずつ、好きなだけエサをやろう。末期の水のかわりだ。

と、思ってたんです。ほんとにもう、死にそうだったし。水けもなく、ぺっちゃんこの骨と皮みたいになって寝ているのを見ると、そのまま箱に入れて花を入れそうになった。が。死んでいません。ありがたいことです。猫が死ぬってイヤなものです。だから猫が長生きするのはほんとうにいいことです。

天才的な飼い主の起こし方

その、ありがたい長命によって、どういう事態がもたらされたかというと、わが家の朝が午前四時に始まるようになったってことです。

いや、午前四時じゃないかもしれない。午前零時かもしれない。でも零時というのは朝じゃなくて晩の範疇《はんちゅう》か。では、中をとって午前二時ということにしよう。

どういうわけか、偶数時間に、ラマちゃんはエサを要求する。

こっちは当然寝ている。

寝ている飼い主を起こしてエサを要求するわけだが、その飼い主の起こし方が、もう天才的である。これがひっかくとかかみつくとかいう起こし方なら「猫らしい」ので（それもイヤだけど）諦《あきら》めもつく。

ラマちゃんは歯槽膿漏で口内炎であるのでいつもヨダレを垂らしている。人もそうだが、猫もヨダレを垂らしているというだけで、相当に見場《みば》が悪い。悪いというか、ナサケナイ。本人は悲惨でもあまり同情してもらえないルックスになる。それどころか嫌われる。ラマちゃんの場合は口臭もある。エサの魚くささと歯槽膿漏が混じり合ったなんともいえない香りが顔のまわりに漂っている。

その香りの顔を、寝ているこっちの顔に寄せてじっとしているのである。一センチぐらいの距離。ぐっすり寝てりゃそんなもんわからんだろう、というのは猫素人《しろうと》の言うことで、猫の顔がこっちの顔の至近距離にあるというのはすごい圧迫感だ。猫は鼻息がそれほど荒くない動物だが、そのあるかないかの暖かい空気は、熟睡を妨げるに充分なパワーだ。いやほんと。

しかし、それでも、鼻息だけだったら熟睡からぱっちり目が覚めるまではいかないかもしれない。

ヨダレを垂らしこんでくるんだ。

健康なヨダレでも、これが好きな人とキスして味わう出たてのヨダレならイヤじゃなくても、口から垂れてしばらく外気に触れてさめたヨダレというのはイヤなものだ。

それが、歯槽膿漏と口内炎のヨダレですよ。

年寄りであるから、そう潤沢には湧《わ》きでていなくて口のまわりとヒゲがじょべっと濡《ぬ》れている、という程度なのだが、熟睡している時に「さわさわっ」という感じで、濡れてさめた歯槽膿漏のヨダレつきのヒゲが、チラチラとこちらのまぶたとか鼻先とか唇に触れてくるというのは……、

「寝てられたもんじゃねえ！」

と、思わず叫んでふとんを荒々しくはぐって起き上がってしまうに充分な破壊力がある。

決して、激しい要求ではない。ほらよく、ナチスの拷問で「ポタポタと水の垂れる音を聞かせる」とか、そういうタイプのやつがあるでしょう。イライラと不快をぬるめにまぜた拷問。あるいは、耳元で聞こえる蚊の「ぷぅ〜ん」という音。

そういうタイプの、激烈ではまったくないのにガマンのできない、という攻撃を、ラマちゃんは仕掛けてくるのだ。

それも、二時間おき。

午前零時、午前二時、午前四時、午前六時。

一回に量が食べられないというのもあるけれど、いわゆる「老人に特有の症状」というのも出ているとみる。「るえかさんや、まだごはんもろうてないがな」「もう！　おじいちゃん、今食べたとこでしょ！」というアレである。

夜中の目薬

しかし私は「常に毅然《きぜん》とした態度で交渉に臨む。土下座外交はしない」という自民党タカ派的外交姿勢を猫に対しては貫いているので、ラマちゃんは主にその攻撃（というか愁訴）を夫のほうに向ける。

私が寝ていると、夜中、ほぼ二時間おきに「うわーっ！」という叫び声が聞こえ、寝ぼけてそっちを見ると夫がラマちゃんのヨダレ攻撃に耐えかね、一声叫んで起き上がり、のろのろと暗闇でエサの準備をしている。私がネットやりながら夜中まで起きている時でも、ラマちゃんは私ではなく、寝入っている夫のほうにいって、その耳にヨダレを垂らしこみ、ヨダレまみれのヒゲで夫の口もとを絶妙にくすぐって、確実に起こしてエサを獲得する。頭がいいんだかバカなんだか。

最近は夜中「うわっ」と叫んで起きた夫が暗闇で目薬をさしているところもよく見るようになった。眠っている時に目にゴミが入るというのも珍しいことだと思っていたら、それは「ラマちゃんのよだれが目に入った」のだそうだ。目にも入るのだからもちろん口にも入る。夫に言わせれば「目よりも口のほうがまし。目にあのくさいヨダレを点眼されると、さすがに眼球がどうにかなってしまうかもしれない」という不安に陥って夜中の目薬点眼に至るらしい。耳や口に入るのもたいがいのことだと思うが、まあ、なんでも慣れれば平気になります。目もそのうち平気になるだろう。

うちにはもう一匹、クダちゃんという、十歳になるオス猫がおり、まだ若いので（といっても人間のトシで五十歳超え）老人特有の症状もないし、歯槽膿漏もないし口内炎もないしヨダレも垂らしていない、夜なんかもいったん寝たら朝までぐっすり、というタイプなのである。こいつ一匹だけ飼ってるんなら問題はなかった。

が、なにぶんにもラマちゃんが夜中、二時間おきにエサをもらうとなると、いくらよく寝ていてもハッと目をさまし、一緒になってエサをくれエサをくれと叫ぶ。完全に付和雷同である。で、つられてクレクレとだけいってエサをやったら残す、というわけではなく、ちゃんと平らげる。このクダちゃんというやつは、エサを食べる、食べ尽くす、コツコツと食べる、という面の才能が飛び抜けている。こいつのエサに賭ける才能を学校の勉強に向けたら、きっと東大《とうだい》も出て国家公務員試験にも合格し、キャリア官僚になれただろう。しかし猫なのでいくらがんばってもムリなのである。

そんなわけでクダちゃんはコツコツと食べ続け、体は紡錘形にふくれあがり、それも固太りでグミキャンディーのような手触り。毛づやはピッカピカだ。

朝の話が横にそれてしまった。そのようなわけで、わが家の朝は、午前四時から始まる……というか、前夜から引き続いているので午前四時が始まりと言うのが正しいのかどうかわからない。午前零時にも午前二時にも起きてるわけだから。

2．昼

「あなたたちは、寝に寝ているではありませんか」

夜中の二時ごろから二時間おきにエサを要求する猫のために、わが家では朝昼晩の区別がもうワケわかんないことになっている。

でもまあムリヤリ、時計が午前八時を指したあたりで、テレビで小倉智昭《おぐらともあき》が「おはようございます」とえらそうに挨拶《あいさつ》をする時間あたりで、うちでは「昼」の始まりとカウントしている。四時や六時にふらふらと起きて猫にエサやってると、七時ごろには「朝はもうたくさんだ！」と叫びたくなり、八時はもうすっかり昼だ。というか昼を始めたくなる。別に昼だからといってきっぱり起きて活動しているわけではないが、昼まで寝ているようで気が咎《とが》めたり、昼まで寝ているという贅沢感《ぜいたくかん》にひたったりしている。

さて、昼におけるうちの猫だ。

これが寝ているんだな。

あれだけ夜と朝、こっちが眠っているその眠りをジャマして、活発にエサを要求してたというのに。

猫がネコと呼ばれるようになったのはいつもネているからだと何かで読んだ。

ほんとにそうです。

宝塚歌劇の『ベルサイユのばら』で、牢獄《ろうごく》に入れられてるマリー・アントワネットが、助けにきたフェルゼンに、自分はもう逃げないと宣言する時のセリフで、「私たちは、耐えに耐えてきたではありませんか」と、タカラヅカ的なアタマのてっぺんから出る発声で言う場面がある。タカラヅカのベルばらなんて好きでもなんでもないんだが、この場面のこのセリフだけはちょびっと改変を加えてわが家ではよく使われている。

「あなたたちは、寝に寝ているではありませんか」

寝に寝て、というところはことさら調子を高くして「ネに、ネて！」って感じに言います。「マリー・アントワネットは、フランスの女王なのですから～」というあの調子で。

部屋の片隅におっこちている脱いだパジャマの上や、フトンの上や、押し入れにつっこんである段ボールの中なんかで、こんこんと寝てる猫に向かってそれを言う。言ってどうなるもんでもないのだが、なんとなくそのバカバカしさに気がまぎれる。

部屋の片隅におっこちている皮と骨

昏睡《こんすい》状態か、というぐらい猫どもは寝ている。

ふつうに考えて、昼間ってのは明るいし、なんだかんだと生活音もあるし、眠るためにはあんまりいい環境ではない。うちなんか特に、へんなノイズのCDかけたりするし。でも夫に言わせれば、そういうのがかえって安眠できる環境らしい。夫は年に二回、高校時代の友だちと「マージャン旅行」というのをするんだけど、隣でマージャンをジャラジャラやってる横にフトンを敷いて寝ているのがとても気持ちよくて幸せだそうだ。適度な明るさと生活音は安眠導入剤だそうだ。

猫の気持ちはわからないが、とにかく寝ています。午前八時から、午後四時ぐらいまで。寝ている姿もだらしない。ほっそりした三毛猫がちんまりと丸くなって寝ている、なんていう図はほほえましいものですが、うちのやつは、クダちゃんのほうはグミのような手触りの固太りの体をだらしなくでろーんと伸ばして仰向《あおむ》けに寝ている。時々、仰向けにビシッと寝ている猫というのが雑誌の面白写真みたいなので紹介されますが、もちろんあんなのではなくて、体に芯《しん》は通ってなくて全体にだらしない。私が風呂上《ふろあ》がりに裸のままそのへんに寝っころがってたらこんなだろうと思わせる。

ラマちゃんのほうは二十二歳の老猫だから、寝ている姿もすごいものがある。死体みたい、と最初は思ったがよくよく見てみると死体ですらないというか。死体ならもっとナマナマしいと思うんだけどラマちゃんのはもっと、「モノ」みたい。

どんなふうにモノかというと、うちの夫が阪神淡路《はんしんあわじ》大震災の時に、現地に一週間ほど入って帰ってきた時、疲れ果てていた。それがいちばんよくわかったのが、おちんちんが脱ぎ捨てたパンストみたいになっちゃっていたことだ。あまりのことに引っ張ったり伸ばしたり折り曲げたりしてみたところ、中身というものがまったくなくて薄皮のみで構成されていた。

ラマちゃんの寝姿もそれに近いものがあります。毛と皮と骨が部屋の片隅におっこちているみたい。

あまりの姿に不安になり、生きてるかどうか確かめてしまう。冬場はフトンにもぐりこんで寝てるんだが、これがクダちゃんならフトンの中にいるとそこが「ぽこっ」と盛り上がって、フトンにかくれてだらしない姿も見えないし、なんだか「平和な冬の午後」って感じがする。ラマちゃんも痩《や》せぎすなので寒がりで、夏でもフトンの中にもぐっているが、もぐっているということがわからない。もぐってたってぺっちゃんこ。そもそも毛と骨と皮しかないので、フトンなんかかけたらそれこそぺちゃんこだ。冬場は、フトンの上を無造作に歩かないように気をつけなければならない。でもこのあいだ、日焼けしたタタミの上に寝ていたラマちゃん（タタミの薄汚れた日焼け色と、ラマちゃんの白髪《しらが》まじりのうっ茶けた、ヨモギの枯れ葉みたいな色は、どちらに対しても保護色になって、一瞬見分けがつかない）をうっかり踏んづけてしまったのだが、中身のない皮部分を踏んだようで別に痛がりもせず（ヒジのところの皮をいくらつねっても痛くないようなものか）そのまま寝ていた。よかった。でも「死んでるんじゃないか」とも思ったが。

とにかく、そんなふうで、寝に寝ている猫たち。他のお宅の猫もそうなんでしょうか。

昼間に配分してくれたっていいじゃないか

猫は夜行性という。猫を扱ったテレビ番組なんかでもよく「夜中の猫の集会」の模様などを高感度カメラで映したりしている。駐車場とかに猫が三々五々、好き勝手な方向を向いてじっと座っている。龍安寺《りょうあんじ》の石庭みたいに。半目で暗闇を静かに見つめて、何事か思索にふけっているかのようだ。猫は夜、考えている。

確かに。うちの猫も昼間寝ていて、夜エサを欲しがるので、夜行性といえばいえる。でもそれは「老人特有の症状」を呈しているラマちゃんならではのもので、クダちゃんはずっと寝ているのに付和雷同しているだけだし、当のラマちゃんだってエサを食ったあと、一分ぐらい「何事が起こったのか」と不安になるようなオペラ歌手並みの腹式呼吸の大声で鳴いてから、ごとっと寝入ってしまう。夜中に活動なんかしてないし、目を開けて何かを考えてるなんてこともない。

つまり、一日中寝ているのだ。

動物病院の待合室に置いてある動物の本を読んだら、いろんな動物の睡眠時間が表になっていて、猫はナマケモノの次に睡眠時間が長かった。二十時間ぐらい眠っていてふつうだそうです。うちの猫はふつうなんです。

それにしたって、夜行性行動をとるわけじゃないんだし、少ない活動時間を昼間に配分してくれたっていいじゃないか。

育児相談などで、子供が夜いつまでも眠らない、という相談に対しての回答は「昼間、思い切り遊ばせてあげて、ごはんもたっぷり食べさせてあげましょう」というようなものだったりする。それは夜寝ない猫にも援用できる気がする。

それならというので、いぎたなく&ボロぎれのように寝入っている猫二匹を揺り起こしてみた。「おーきろ～！」

が、揺さぶったって起きやしねえ。それなら実力で起こすまでだ。と、抱いて起こして立たせようとするんだけど、立ちやしねえ。そのままどさっと横に倒れてそのまま寝ている。死んでんじゃないのかと不安になるが、ちゃんと「ふーすか、ふーすか」と息してるし気持ちよさそうだ。釈然としない。

ヨダレを垂らさないとダメなのか

私らは夜中、ラマちゃんに確実に起こされてしまう。別にラマちゃんは、私たちを力ずくで起こすようなことはしない。そうか、ラマちゃん方式でいこう。

そこで、コップにぬるま湯をくんできて、寝ているラマちゃんの顔に一滴二滴、垂らしてみることにした。ラマちゃんがこっちの顔にヨダレを垂らしてきて寝ていられなくさせる方式を模倣するのだ。

一滴。二滴。三滴。……四滴。

ラマちゃんは寝ているばかりである。

ついでにクダちゃんにもやってみたが、やっぱりクダちゃんも寝ているばかりだった。

ヨダレじゃないとダメなのだろうか。

ヨダレはなあ、と思って、濡れティッシュとか濡れぞうきんとか、むいたジャガイモの皮とか、鳥肉のパックの底に敷いてある血を吸い取る紙とか、いろいろと考えつくアイテムを持ち出して顔を刺激してみたが、ラマちゃんもクダちゃんも寝ているばかりである。

やはりこれはヨダレを垂らさないとダメなのだろうか。今そこに生きているものから垂らされたヨダレの破壊力はすごいのかなあ、と思って試みようと思ったんだけど、人の顔に、いやこの場合猫の顔だけど、生き物の顔にヨダレを垂らすというのは、こんなにだらしないキタナイ生活をしている私ですら、何かそれは一線を越えたことのような気がして、ヨダレ垂らすことができない。

そんなことは考えもせず、エサを得るためには平気で人の顔にヨダレを垂らすうちのラマちゃんは、なかなかの大物なのではないだろうかと思った。いや、口元にしまりのないただの老いぼれなのだけれど。

そんなこんなで、もう、昼間熟睡している猫どもを起こすのはやめにしてしまった。昼間起こしたところで、夜もきっちり起きてくるような気がするし。
昼間、猫どもは、人間が生活している横でこんこんと眠り続ける。

3. 夜

猫砂の進歩は牛歩だ

快食快眠快便。よく食べよく眠りよくウンコをする。ほんとうにありがたいことだ。快便問題というのは重要だ。

猫の室内飼いが奨励される現在、猫のトイレをいかにすべきかというのは、多くの猫飼い家庭で折りあらば語られている問題である。あのｍｉｘｉにも、猫砂について語り合うコミュニティがある。

猫砂というのは猫のトイレの砂のことですよ。紙砂とか木砂とか鉱物砂とか。紙なら砂じゃないだろうとか言ったりしてはいけない。それなら猫砂というのは猫でつくった砂か。そんなことはどうでもいい、とにかく、どのような材質の猫用トイレの砂が、おしっこをよく吸い取り、ウンコの匂いを吸収し、さらに扱いが良いのか、ということを全国一千万猫飼い家庭はずっと追求し続けている。そしてあらゆる場で甲論乙駁《こうろんおつばく》が繰り広げられる。ということは、猫用トイレの砂ってのは、ほんとにもう「どれを使っても一長一短」なのだ。

買い物から帰ってきてドアをあけると玄関に猫のフン臭がほのかにただよっていて、砂まみれのフンを始末しながら「文明の進歩で今私はパソコンも使えば携帯電話も使う。しかし猫のトイレの砂みたいなものについては進歩が牛歩だ」としみじみ思う。玄関に猫のトイレを置くというのは風水からいってよくないような気がする。でも玄関の横にゴミ用のでかいポリバケツが置いてあって、玄関でフンを取ったらドアあけてすぐそのバケツに放り込めるから便利でいいのだ。玄関の横にゴミバケツというのも風水的に激悪な気もするが、今のところ問題は起きていないから便利を優先する。

猫を飼うということは、手間とカネをかけて、フンとオシッコを製造する機械（機械なのにこちらの言うことはほとんど聞かない）を維持しているようなものだ、としみじみ思う。

とにかく、猫のトイレまわりの問題というのは、猫飼い家にとって、忘れようとしてもフンやオシッコが定期的につきつけられるので忘れられない問題なのだ。

(ちなみに今、〝猫飼い家〟という言葉を使った。ふつうは〝愛猫家〟と言うのだろうけれど、私は「猫を愛してなんかいない！　猫が勝手に来ちゃうんだ！　だから猫がいるのはしょうがないんだ！」というスタンスなので〝愛猫家〟とは名乗りたくないのです。だから〝猫飼い家〟を使う。「ネコカイカ」と読んでください)

クダちゃんの結石

うちのラマちゃんもクダちゃんもオス猫で、完全室内飼いだから去勢手術を施してある。オス猫が去勢手術をすると尿道結石になりやすい、ということが言われていて、それには「低マグネシウムのキャットフードを与える」という回避方法がある。だからうちはいつもスーパーの棚で「低マグネシウム」のキャットフードを買って与えていた。

ラマちゃんは常に快便快尿で、オシッコなんか、鉛筆ぐらいの太さで「ジョーー！」と勢いよく大量にする。猫トイレに猫砂が薄くしか敷いていないと、オシッコの勢いで砂を洗い流してトイレの底が見えたりするほどの快尿。

それで油断していた。いや、ちゃんと低マグネシウムで気をつけてたんだけど、クダちゃんのほうがしっかり尿道結石になってしまった。オシッコが出なくなってしまったのだ。猫は体が小さいから、オシッコ二日分ぐらいたまるとあっという間に体中に毒素がまわって死ぬ。クダちゃんも死にかけた。皆さん、猫の尿道結石はほんとうに恐いです。そのことは知識としては知っていて、クダちゃんがトイレにいつまでもしゃがんでいるのを心配したりはしてたのだ。しかししばらく見つめているとオシッコしないで、その場を離れるとひそやかな「シュー」という放尿の音が聞こえたりしたので、「そうか、見られてると恥ずかしくてオシッコできないんだ」などという誤解に基づく解釈をしちゃったりして、クダちゃんは死にかけに至ったのである。ほんと、猫からは目を離しちゃいけません。

クダちゃんは死にかかったところで病院に運び込まれ、お腹に針を突き刺して膀胱《ぼうこう》にたまってたオシッコを排出。その後、尿道カテーテルを挿入してオシッコが常に出るようにした上で点滴をじゃんじゃんして、体内の毒素を排出するというのを約一週間の入院生活で続けてから、おちんちんを切り取って膀胱からの通り道を広げるという手術をした。去勢したからそもそも玉は取られちゃっている。その上おちんちんまで取っちゃって、股間《こかん》の見た目はすっかり女の子になってしまったクダちゃんです。獣医の先生によると、クダちゃんのおちんちんは稀《まれ》に見る細さで、尿道にカテーテルを挿入するのも一騒動だったようだ。自分の飼っている猫が特別だというと、なんとなくエラくなったような気になるというのが猫飼い家のダメなところだが、おちんちんが並外れて細いというのはどんなもんなのか。まあそのおちんちんも切り取ってしまったのでもう自慢もできない。

オシッコは「しっぱなし」、フンは「形骸化」

だから、猫のトイレの話である。

うちの猫はだいたい、夜、オシッコやフンをする。

猫の里親募集案内など見ると、重点事項として「トイレのしつけ済み」ということがアピールポイントになっている。そりゃ、室内飼いするのにトイレのしつけができていなかったら、たいへんだろう。

うちの猫もトイレのしつけはキチンとできている。ヨチヨチ歩きの子猫の時代から、砂を入れた箱に入ってオシッコもフンもした。それを見て「なんてエライのだ」と感動したものだが……。

ええ、ちゃんと猫のトイレでやってますけどね、今も。

猫って、オシッコやフンをする時には、まず砂を掘ってからオシッコやフンをし、し終わったら砂をかける、ものだ。

うちの猫の場合、オシッコの時には、トイレに入っていき、砂も掘らずにただそこにする。そして終わったらそのまま立ち去る。

フンの時には、ちゃんと砂を掘る。しかし掘ったところじゃないところに腰をすえてフンをする。そして砂をかけるつもりで、トイレのふちやトイレの横の壁をかいている。そして立ち去る。砂の上に生み立てのフンがほかほかと湯気をたてている。

ちゃんと、便意を催したら決められたトイレにいってやってるんだから、「トイレのしつけ済み」ということなのか。しかしオシッコにおいては「しっぱなし」だし、フンの時にはいろいろやってはいるものの、すべてその行為は「形骸化《けいがいか》」している。行為が形骸化するというのは、お役所仕事だとかそういうものにありがちなことだと思うのだが、猫にもあるのか。

さいきん困ったことは、オシッコの時、体はトイレの中にあるのに、お尻はトイレの外に出てしまっていて、オシッコがじゃーじゃーと玄関にされてしまうということだ。

フンも、トイレのすぐ横の玄関あがったところをカリカリとかいて、コロンとやったところで五歩ぐらいいった別の壁をカリカリとかいて立ち去るというようなことが何回か出現している。もっと困ったのは、そういうのをあんまり叱《しか》る気になれないということだ。猫なんてしょうがねえや……、と、湯気をあげているフンを拾いながら思ってしまう。うちの猫のフンはコロコロしているので拾いやすくてありがたい、などと感謝までしてしまう。諦めと、とんちんかんな感謝。猫を飼っているとつきものの感情だ。

夜だけで八食

出すものを出すとすぐ食事の要求だ。夜中あれほど食いまくっていた連中が、昼間は寝に寝ているから断食状態で、そりゃ腹も減るだろう。

エサやりを主に担当しているのがうちの夫なので、夫が勤め先から帰ってくる午後五時半からは騒ぎも大きくなる。

「エサくれ」

「エサくれ」

「エサくれ」

「エサくれ」

「エサくれ」

と、夜中はこちらの寝耳に歯槽膿漏のヨダレを垂らしこむというある意味静かな方法でエサを要求するが、人々の行動する時間であるということがやつらの気を大きくさせるのか、腹式呼吸発声で「エサくれ」を連呼する。ちなみにオペラ歌手並みの美しい大声を出すのは二十二歳のボロぎれのようなラマちゃんのほうで、クダちゃんは発声の基本ができておらず「ウーッ、ワン、ワン」と鳴く。猫もワンワンと鳴くのだな、ということをクダちゃんを飼って知った。

午後五時半から夜十二時ぐらいまでの間に、何回エサをやっているだろうか。

老人腎臓病用猫エサ（ウエットタイプ）と、尿道結石防止用猫エサ（ドライタイプ）をそれぞれのエサ容器に入れるのに、うちでは百円ショップで買ったプラスチックのスプーンを使っている。エサをやったらスプーンはそのまま流しに放置するのが夫の流儀で、私が「その都度洗ってくれ」と抗議すると、「これで何回エサをやったか、スプーンの本数を見れば一目でわかる」と主張した。でも私が気がつくと洗っちゃうし、それにそもそも、今日は○回エサをやったからもう終わり、などということはなくて、鳴かれたらエサやってるわけだから、回数を数えることに何の意味もない。「でも、なんとなく回数は知りたい」ということでスプーンを放置することを続けているが、だいたい午後五時半から午前零時まで、スプーンは八本ぐらいが流しにある。人間は一日三食。動物なら二食ぐらいがいいところではないだろうか。しかしわが家では夜だけで八食。何かが間違っているとしか思えない。

これだけエサをやっていると、夜の始まりにフンを一回しても、夜の終わりごろには二回目のフンをする。だいたい、飼い主が風呂から上がるような頃合いだ。風呂上がりで湯気ほかほかの全裸で、やりたての湯気ほかほかあがったフンを始末していると、ほんとうに「うちが猫を飼っているのは、仕方ないから、なのだ。私は愛猫家ではない。仕方のない猫飼い家だ」という気持ちが滝のごとく襲ってくる。その時にはもう猫は、次のエサを寄こせと腹式呼吸で鳴きまくっている。

4. 一日

陰謀？

ああ、こうして振り返ってみると、わが家の一日ってなんて猫まみれなのだろう。

猫まみれ。

なんだか、ちょっと小ジャレた、猫の本をたくさん揃《そろ》えたカフェ（イスは小学校の木のイスだったりする）の店名みたい。そういう店ってナマの猫はいないんだよな。いたとしても「ぬいぐるみか」ってぐらい大人しくて静かに寝てるか静かに座ってるか。なんか薬でも飲ませてんじゃないのか、と毒づきたくなる。

猫を飼ってる人の家の写真を雑誌なんかで見ると、私は悪夢を見ているような気がしてくる。子供の頃に読んだSF童話で、飼い犬たちが人間を征服しようとするというストーリーのやつがあり、主人公の少年が犬たちが企んでいる証拠写真（犬がコンピュータとかを操っている）を撮ってそれを大人たちに見せようとするんだけど、出来た写真は犬たちがふつうに草原で走ったりボール追ったりしているだけの写真で、それを見た大人は少年をウソツキ呼ばわりして信じてくれない、というコワイ話だった。そのコワさと似たものを感じる。

といいますのも、猫を飼っていたら家の中は自然と乱れてくる。猫の抜け毛がホワホワと溜《た》まり、それが風に吹かれて玉となり、コロコロところがり漂う。

棚の上にちょっとした人形なんか置いておくと、全部落とされる。私は陶器でできたりアルでかわいいカエルの置物を猫に払い落とされて、しかしそのことに気づかず、ある時地べたにカエルの手だけが転がってるのを見て事態を理解した。小さいもの、ワレモノは高いところや狭いところに置いておくものではない。猫が必ず飛びかかって落とす。落としたら小さいものはどっかにまぎれて消えるし、ワレモノは割れて小さくなってどっかにまぎれて消える。

他にも、フンの香りとか、破れた障子とかフスマとか、猫がツメトギしたあとのカスとか、そういうもので家の中は、蝕《むしば》まれるがごとく乱れていくのだ。いくはずなのだ。

しかるに、猫を飼っている家の中を見せるグラビアを見ると、猫がひっかきやすそうなザラついた手触りを思わせる小ジャレた壁、猫が飛び乗りやすそうな棚、その棚に美しく置かれた小物（もちろんワレモノ）、猫の毛がくっついたらよく目立ちそうな濃い色の小ジャレたじゅうたんや敷物があり、そして写真の片隅に「私はただ静かに微笑んでいるだけよ」とでも言いたそうないやらしい猫。いや、いやらしい猫と決めつけちゃいかんですが、でも私にはいやらしい猫に見える。「別に血統書なんか。ただの雑種の猫ですの」と言いながら、ぴかぴかの黒とか、チョコレートのように深い色味のキジとか、ハナクソみたいではない美しいブチとか、そういう文句のつけようのない毛色なのだ。もちろん、目ヤニもついてないし、ヨダレも垂らしていない。

おかしい。猫を飼っていてこんなふうに美しく暮らせるはずがない。

猫を飼って飼い主がボロボロになり、やがて猫が人間を支配しようとしているのではないか。そのために、猫のいる美しいオシャレ空間、なんかを雑誌などにばんばん載せるという陰謀なのではないのか。

などと思ったりする。

美しい生活と無縁に

皆さんに強く言いたい。

猫を飼うということは、美しい生活とは無縁になるということですよ！　私の知っている猫飼い家庭、滋賀《しが》県のAさん宅も、奈良《なら》県のMさん宅も、神奈川《かながわ》県のDさん宅も、そしてわが家も、家は汚い。Aさんは薬局、Mさんは研究者、Dさんは教師という家で、みんなけっこう硬い、ちゃんとした方々のお住まいの家だ。それでも家の中は全体がザラザラとして、何かこう「ナゲヤリな気分」が横溢《おういつ》したような、そんな空気が家の中に湿気のように満ちている。

（といって、最近よくテレビのニュース番組のヒマネタで、レポーターが突撃して「こんなことやってていいんですか！」とか難詰されるような、猫を何十匹も飼ってどんどん増やしているような、ああいうふうなものとは別の「きたなさ」にまみれる。私など、ああいう猫屋敷を見ると「うらやましいなあ」と思ってしまう。うちなんか、猫を飼うことについて「申し訳ない」という気持ちがある。こんなさえない猫を飼ってすみません、と誰《だれ》に対してなのかわからないが、申し訳なく、おどおどしてしまう。

それはそれとして、猫屋敷とかに対する人々の耐性って確実に減ってると思う。昔、近所には必ずああいう家が一軒あって、猫見るのが楽しみだったりしたものだが。もちろんああいう飼い方してると猫が病気したり事故にあったりして気の毒なことになるからやめるに越したことはないんだが）

猫なんて。猫なんて。と、私はいつも、いぎたなく寝入っている猫を見つめながらつぶやいている。

ほんとは飼いたくなんかないんだ。猫がいなかったらどんなにさっぱりした暮らしになるだろう。ああ、でも、それができないのが猫飼い家の宿命……。

第三章

良い獣医、悪い獣医

ぐちゃぐちゃになった絵の具のパレット

うちの猫はすべて駄猫である。血統書なんてものとは無縁ということは見るだけでわかる。せせこましい表情と、そこに同居するなんともいえない鈍感な感じ。ゆったりとしたところがなく根性はケチなのに、肝心なところは気がつかないという、まるで自分を見るような連中ばかりである。

毛色も、自分のご面相のさえなさと同じような、キジ猫なんだけどよくいるキジ猫のようなツヤもなく火をつける前のモグサみたいな白っちゃけたバサバサだったり、顔のブチの具合がいかにもぶさいくであったり、しっぽがダンゴだったり、目と目の間が離れてたり耳が小さかったり足が短かったり（うちのクダちゃんのことだ。べつにスコティッシュフォールドの血が混じってるというわけでもないのに。スコティッシュフォールドなんか一匹もいない沖縄《おきなわ》の小島出身ですし）、逆に足がへんに長くてバランス悪かったり（やけに足の長い猫って、ニホンザルみたいに見えるのだ。それでしっぽがダンゴだったりするとますます。うちのラマちゃんのことだ）、見た目だけでもう「駄」ということが丸わかり。赤青緑黄色白黒と絵の具をぜんぶ混ぜに混ぜたら、なんともいえぬダメなヨゴレ色になる。うちの駄猫の駄ぶりを見ていると、ぐちゃぐちゃになった絵の具のパレットを思い出さされる。さいきん、雑種を雑種と言わずにミックスとかいうらしいが、それは欺瞞《ぎまん》だと思う。ミックスなんていうと、ミックスジュースみたいな「ミルキーなオレンジ色で美味《お》しい《い》」というような印象を与えるではないか。猫におけるミックスは、何も考えずに混ぜに混ぜたドブ灰色の絵の具、のほうですよ。あれを見て誰も「ミックス絵の具」なんて言わんでしょう。ミックスなんて欺瞞なの。

（しかし「空き地で野良猫が生んだ子猫を引き取った」とかいう、駄猫本流中の本流の出自の猫で、やけに美しいキジ猫や黒猫なんかがいたりするのは、何か釈然としないものはある）

駄猫も病気ばっかり

で、ここからが本題だが、猫に限らず俗に「純血種は病気に弱い」と言う。わかる気はする。真っ白な絵の具に他の色を入れたらすぐ色が変わる。グチャグチャなドブ灰色の絵の具にちょっと他の色入れたところで「キタナイ色」ということになんの影響もない。

ということは、雑種猫は、雑に生まれて雑に育ってたくましいから病気に強いのか。

そうは問屋がおろさないんだな。

生まれてこの方、駄猫だけを飼い続けてきた者として言わせてもらうと、

「駄猫も病気ばっかしてた」

ありがたいことに二十歳以上の猫を三匹見ているが、二十年生きるということは生命力が強いのかもしれないが、思い出すに「ずっと病気しっぱなし」だった。最初の二十歳越え猫は、大きな病気はしなかったが、のべつまくなしに風邪《かぜ》ひいちゃぐしゅぐしゅやっていた。次の二十歳越えのやつは、今までの猫の中ではいちばん健康だったが、それでも耳の中がかゆいとかなんだかでちょくちょく獣医のお世話になった。三番目の二十歳越えは、今そこで寝ているラマちゃんだが、こいつにはカネがかかっている。まず口内炎がひどくてヨダレだらだら垂らすようになったので獣医に見せたら「歯石がひどい。歯槽膿漏もひどい」と言われ、「この際、抜歯しましょう。口内炎のモトを断つのです」と畳みかけられて肯《うなず》いてしまい、「猫の抜歯、入院費コミで二十数万円」ということになった。その後も口内炎はずっと続いております。なんだったんだ、あの手術は。

クダちゃんはまだ十歳ぐらいだけど、生来のてんかん持ちで検査料から毎日飲む薬代、

さらに尿道結石で手術&長期入院してるからこれも相当カネかかってるし、その後の療養食も、スーパーでいちばん安いペットフード買ってきて食わせる、というわけにいかないので余分な出費がある。いやもう、いくらかかってるかとかいうことを考えるのもイヤなので、総額がどうなってるかわかりません。

避けられない去勢&避妊手術

それに、もし飼い猫が病気ひとつしない猫だったとしても、

「去勢&避妊」

には必ずカネがかかる。

ムツゴロウの畑正憲《はたまさのり》は、自分とこの猫が大量なので、去勢手術避妊手術を覚えて自分でやるようにしたらしい。なるほどその手があったか、といったところでいくら手先が器用で料理上手の私でも手術したら猫は「必死必至」だろう。なら去勢&避妊なんかやらないという方針を貫けるかといえば、そうもいかない。猫は室内に閉じこめて飼う。そうしないと事故に遭うし（二匹事故に遭って、猫を外には出さない決心をした）、ケンカするし、ノミや病気ももらってくる。それにサカリがついたらうるさい。オスはくさいおしっこを

そのへんにひっかけるし、メスだってアオンアオンと鳴きまくる。メス二匹だけ飼っているという時があって、そいつらは同じ日に生まれた姉妹であるからサカリもほぼ同じ時期にやってきた。室内飼いであるから男漁《おとこあさ》りはできない。となると、どうするか。

姉妹で重なって腰動かしていた。

下になるほうはまだわかるとして、乗っかって腰振ってるほうのメス猫はいったい何を考えているのか。その乗っかってたほうの猫は、ある日、閉じてあった窓を破壊して男漁りに出てしまい、顔の丸いさえない赤猫とアバンチュールを楽しもうとしていたところを飼い主に取り押さえられたという哀《かな》しい体験の持ち主だ。彼女はその後、肝臓を病んで割と早く亡くなってしまったのだが、あの時の男漁りであの顔の丸いさえない赤猫に病気をうつされたに違いない。やはり、猫は室内飼いをしなければだめだ。となると、去勢&避妊手術は必須だ。

ここで問題になってくるのが獣医である。

ヘタしたら人が死に、警察ザタになる人間の医者ですら、腕のいいのからへんなやつまで取り揃っているのに、これが獣医となるとさらにピンからキリまでいろんなのがいるんじゃないだろうか。

わが家は引っ越し家庭なので、引っ越すたびに新しい獣医にかかることになる。西日本から東日本までずいぶんたくさんの土地で獣医にかかってきた。そして「良い獣医、悪い獣医」がどういうものか、すっかりわかったのである。

そこで、ここに、全国を渡り歩いた不肖私が「良い獣医とはどういう獣医か」を発表したいと思う。

1. うちの猫をほめてくれる獣医

「お、なかなかいいコだね～」

これ、重要ですよ！

うちのラマちゃんが、結果的にほとんど意味のない二十数万円の抜歯手術を受けたところの獣医が、やたら患畜をほめる医者であった。近所だから連れていったのだが、けっこう、そのあたりでは有名な、高いカネとる獣医だったらしい。医者は二人いて、院長と女医さん。

この院長が、見るからにカツラとわかる頭に段のついた髪型で、そういうカツラをかぶる人独特の愛想《あいそ》の良さがあり（偏見か）、そういう愛想の良さというのは往々にしてウワスベリなものになりがちなのに、この院長の愛想は、…………すごいウワスベリなものであった。

「お、なかなかいいコだね〜」

って、先生。「どのようにいいコ」なのかの言及はまったくない。

「いやー、なかなかなコだねェ」

だから、どういうところが。

ここの女医さんのほうは、歌手のビョークによく似た人で、愛想はあまりない。ただ当時、やたら噛《か》みつくクセのあったクダちゃんに、まったく噛みつかせることもなく、飼い主が抱き上げようとしたら顔に噛みついてくるから抱くことなんかまったく不可能だと思っていたのに、このビョーク先生にはまるで骨抜きにされたがごとく静かに抱かれていてすごいと思わされた。こんな凄腕《すごうで》のビョーク先生を部下として使うカツラ院長はすごい人なのかもしれない、と思っていた。ふだんはビョーク先生ばかりが出てきてカツラ院長めったに出てこなかったし。院内をちょろちょろしてるんだけど診察には出てこないんだ。

しかし、ある日やっと出てきたカツラ院長は、あまり患畜に触れることもせず、上から見下ろして、

「これ、なかなかいいコだよ」

と言うのである。だから具体的なことは何も言わない。これが、たとえば私本人が病院に行って「あなたはなかなかの人ですね」とカツラの医者にウワスベリな調子で言われたらいっぺんに「セカンドオピニオンを求めて他の病院に替わる」と思う。

しかし、このカツラ医者のすべって転びそうなホメ言葉は、私たち夫婦に、ものすごい浸透力でシミたのだった。

「もう一匹も見たいなァ〜」

考えてみてほしい。

目の前の診察台にいるのは、ボサボサのモグサみたいな毛色と毛並みの、しっぽがダンゴ状で足がへんに長く、目と目のあいだがみょうに狭くて、サル山の老サル（非ボス系）みたいに見える猫で（サルに似た猫というのは相当ひどいものです）、口臭がひどくいつもヨダレを垂らしている。見るべきものなどひとつもない、と飼い主ですらもの悲しい気

分になってしまうような、そんな猫である。

だから、誰もほめてくれないから、せめて飼い主だけでもほめてやらねば、と思いながらも、その老サルのようなたたずまいを見ていると、「お前はいったいいつまで生きているつもりなんだい」などと言ってしまう。またラマちゃんが、虐げられたサルに似ているだけあって、脳もサル級に発達しており、人の言うことや顔色を読むのだ。それもネガティブなものをものすごく敏感に。

だから、飼い主夫婦が憐《あわ》れみの気持ちを持ちながらもつい薄情なセリフを投げかけることを、いつもうすら哀しそうにじいっと聞いている。その姿を見ながら、こんな猫を飼ってしまったという諦念《ていねん》と、こんな猫がやってくるということは、つまり私たちもその程度の飼い主なのであろうといううっすらした絶望（ぬるま湯ぐらいの温度）に浸かっているのである。

そんな猫と飼い主にとって、たとえどれほどウワスベリしていようとポジティブな言葉を投げかけてくれるというのは、たいへんにうれしいものなのであった。なんだか、オレオレ詐欺にダマされたおばーちゃんが「それでもわしんとこに電話してくれるのはあの人ぐらいじゃった。裁判官さま、あの人を許してやってくだされ」とかいってるみたいだけど。あまり役にも立たなかった抜歯手術二十数万円のことも何も恨みにもならず、「あのカツラ院長はよかった」といまだに語りぐさとなっている。そういえばその当時、うちに猫は三匹いて、そのうち二匹がそのカツラ獣医にかかっていた。

カツラ院長はカツラ特有の笑顔でいつもこう言っていた。

「もう一匹も見たいなァ〜」

冷静に考えて、それはもう一匹も「看《み》たいなァ〜」であって、この「ホメときゃほいほいと高額医療費も払うバカ夫婦」からさらにしぼり取ろうとする手管だとしか思えない。その「もう一匹」は当時で十五歳越えの老猫だったから、看りゃ何かしら体にガタは発見できただろう。しかし私ら夫婦は「それほどうちの猫のことが見たいのか。ヘコちゃん（という名前でした）のことホメてくれるのか」と思ってしまって、ほんとに「カツラ先生に見せるために連れてこようか」と思ってしまった。しかしその直後、わが家は引っ越しが決定し、カツラ院長ともお別れになってしまったので、ヘコちゃんを見てもらうことはできなかった。

「引っ越しますんで」と報告に行き、引っ越し先の獣医に渡すための猫どもの診断書をもらいにいった時、カツラ院長は出てもこず、ビョーク先生はいつもに増してよそよそしかった。やっぱりそういうことか。

クダちゃんは「感情がない」

猫をほめる、というと、このカツラ院長の獣医ではない、距離も七百キロぐらい離れた土地にある動物病院で、クダちゃんを看てもらっていた時のことだ。

ここは、日本でもっともローカルな地域といえる四国にある動物病院でありながら、治療費は高かった。院長は隠す気などまったくない、レーニン、横山《よこやま》ノック級のハゲで、治療費の高い動物病院の院長ははげるものなのだろうか。それはいいとして、院長はもったいぶって（こちらの勝手な邪推）めったに出てこなかったので、主に看てくれたのは背の低い、コロッとした、赤毛でそばかすのいっぱいある、ちょっとガラガラ声がキュートに聞こえる、女医さんだった。

私たち夫婦は、この女医さんにぞっこんなのだった。

クダちゃんという猫は、今まで飼ったことのないタイプの猫で、どう今までの猫とちがうかというと、とにかく、

「感情がない」

安手のＳＦサスペンスとかで「人間の心がない殺人マシーン」みたいな男が出てきたりする。うちのクダちゃんは「猫の心がない、食べて寝てフンをするマシーン」である。目は死んだ魚みたいだし（ほんとうに常に瞳孔《どうこう》が開いている。そのせいでものすごいぎょろ目に見える）、突然うなりだすし、撫《な》でようとするとその手に噛みつく。エサを与え、薬を与えてくれる飼い主様のことなどへとも思っていない。「へ」と思われるならまだ「ある種の感情を持ってもらっている」ともいえるのだが、たぶんクダちゃんは私ら飼い主を「なんとも思っていない」。感情が「ない」んだから。

猫は犬と違って独立独歩なところがいい、とはよく言われることだが、ここまで飼い主をないがしろにされると……。小さい時からほとんど鳴かず、コッコッとエサだけ食べてどんどん固太りしていき、手触りは「フワフワ」「フカフカ」とはほど遠い、グミキャンディーみたいな固さだ。その固さを確かめるのも「噛みついてくるのを巧みによけながら」なのでたいへんだ。こう書くと「飼っていることに意味はあるのか」と問われそうだが、こんなやつだと知らずに拾っちゃったんだからしょうがない。子猫の時代、沖縄の砂利道の真ん中にうずくまっていた時には「可哀相な優しいメスの子猫」だと思ってしまったうちの夫がすべて悪い。なんとかこちらで「噛みつかれないタイミング」や「怒られないような場所」で触ることを体得した。

コロコロ女医の一言

そんなクダちゃんを、コロコロ女医は、

「クダちゃんは、癒《いや》し系ですねぇ〜」

と、言ったのだ。

耳を疑うとはこのことだ。この、目が死んでいるから見た目もコワく、見た目だけではない、何かといえばシャーシャーと怒り、何がなくても「うーうー」とうなり、スキあらば飼い主の手に嚙みつこうという、この「殺人マシーン」のできそこないみたいな猫が、癒し系ですと？

しかし私ら夫婦はその「癒し系」という、一回だけ言われた言葉にすがりつくことになる。いつもなら「えーっ、癒し系ですか？」とか聞くんだけど、もし聞いて「あ、ちょっと違うか、テヘ」とか言われるのが怖《おそ》ろしくて聞けなかった。一回でも「癒し系」と言われたからには、もうこいつは一生癒し系だ。いくら目の死んだ嚙みつきうなり猫でも。

で、今も嚙まれないように気をつけてクダちゃんを撫でながら「お前は癒し系だ」と言って、自分たちを癒している。

クダちゃんは、この病院で結石の手術をして、その後は太いおしっこをじょーじょーとするようになったので、オペをしたハゲ院長はなかなかの凄腕だし、癒し系と言ってくれたコロコロ女医も「癒し系」の一言でもう恩人みたいになっている。なかなかいい病院だった。四国にだってちゃんとした病院はあるのだ。でもここも、引っ越しの挨拶にいったらよそよそしかったなあ。ま、「またお会いできるといいですね〜」「ぜひ！」ってのもヘンだとは思うけど。

2．猫の生死にオタオタしない獣医

「猫なんて必ず死ぬのよ」ぐらいの感じ

そうなんです。獣医というのは、ほんとうは縁がないほうがいいんです。

しかしそういうわけにもいかず、いろいろな町のいろいろな獣医にかかり、いろいろな先生方に出会う。

病院というのは、死と直結した場所である。

人とくらべて猫のほうが寿命が短いし、病気になってコロッといかれてしまうことが多い。私も結婚して「自分で飼う」ようになってから三匹の猫に死なれた。その都度、たいへん哀しかった。親戚《しんせき》の死より飼い猫の死のほうが哀しい。でも人間の親戚が死ぬと、とんでもなくいろいろと面倒なことが（葬儀に行くことひとつとっても）あるので、重大な気がしてしまう。というか、実際人の死ぬほうが重大事ですね。

猫は死ぬ。

死病に平気でかかる。

「ここ一両日が山です」

というような言葉を、よく聞くことになる。

さて、そういう宣告の言葉を患畜の飼い主に言うとき、どんなふうに言うべきか。

というか、どんなふうに言われたいか。

こういう時、「猫なんて必ず死ぬのよ」ぐらいの感じでいてほしい。

もちろん、そこに「あんたんとこの猫なんかどーでもいいのよ」的な雰囲気が入ってはぶちこわしだ。そうではなくて、「私は今まで、あらゆる犬猫の死に様を見てきた。安らかに死ぬ猫も苦しみもがいて死ぬ猫も。しかしどんなふうに生き、どんなふうに死んでも、最後に残るのは猫の死骸《しがい》だけ。生きているなんて所詮《しょせん》そんなもの。死ぬことだって所詮そんなもの」と、静かに猫の死骸を始末しているような、猫の死に真っ正面から向き合った獣医はそういうふうになるであろう。

ノープライバシー

今かかってる獣医さんがそれだ。

中年の女医さんがひとりでやってる動物病院で、引っ越してきたところの近所に動物病院がないから、いちばん近そうなそこへ、タクシーで通っている。ラマちゃんに週一の点滴をしてくれている獣医さんである。

このおばさん女医は、おばさんらしく話し好きであり、おばさん女医ひとりでやってるから話を始めると手が止まって後がつかえる。しゃべってもいいけど手を止めるな！　とたまに注意をしたくなる。

待合室と診療室との間に仕切りもないので、先生と飼い主がどういう話をしているかも筒抜けだ。プライバシーなどというものはない。でも動物病院に行った時、待合室で一緒になった人が、キャリーバッグの中に猫らしき生き物を入れていたりすると、その猫の姿が見たくてしょうがなくなる（なりませんか？）。

　しかし、私や私の夫は、場外馬券売り場の外でハズレ馬券を拾い集めている中年のような人相風体なもので、キャリーバッグのスキマから食い入るように猫らしき生き物を見ようとすると、飼い主さんはあからさまにこっちからバッグを隠すようにする。もちろん、診療中は診療室の扉をビシッと閉めるから、まったく姿は見えない。

　待合室でぐらい、仲良く飼い主交流をしたいものだが、どうも私ら夫婦はそのへんがうまくいかず、忌み嫌われているようだ。うちの猫なら好きなだけ見せてあげるのに。でもうちの猫はボロボロでくさいヨダレを垂れ流しているようなヤツだから、あんまり見たいと思う人もいないようだ。キャリーの中で鳴いてる声だけでもう「こいつは可愛くない猫だ」とわかるような声だしなあ。

　そんなふうに思っている者としては、待合室と診療室の間に仕切り無し！　ノープライバシー！　大歓迎だ。私はいろいろな飼い主さんとその患畜が、どのようなきっかけでその猫や犬を飼うに至ったか、そして他に飼ってる動物が何種類で何匹いるか、その猫や犬が家の中のどこで寝ているか、などということを知るに至った。知ったからといって、何か悪さをしてトクをできるような情報は何もない。

「まあ、点滴でもしておきましょうか」

まあ、こういうざっかけないタイプの中年女医なので、猫の生死に関しても「いちいちオタオタしない」のだ。

看てもらっているラマちゃんは、人間の年齢で言えば百歳を超え、猫の業病ともいえる腎臓病に冒されている。

「まあ、点滴でもしておきましょうか」

と言う、その口調には、「猫は死ぬもんですからね」と言いたいのを呑み込むこともなく当然のことだからあえて口に出すこともしない、というような凄味があった。

これが、いわゆる「良心的」な獣医だと、この病状だからこういう医療方法が考えられるが、それにはこれだけのリスクがあり、ならば別の方法だとこのようなリスクが、と縷《る》縷《る》説明してくれるのだが、結局は「まあ、薬石効なくやがて死ぬでしょう。お歳に不足はないです。お葬式はお祝いみたいなもんですよ」ってことなのだ。

けれど飼い主はわずかな蜘蛛《くも》の糸にでもすがりたくなって、あらゆる治療に手を出す。

別に飼い主からしぼり取ろうっていうんじゃないだろうが、健康保険というもののない猫の治療費はかさんでいく。

中年女医は、いずれ死ぬならムリな治療は勧めない、という方針のようだ。なので、ラマちゃんも、週に一回の点滴（ただのリンゲル液）と栄養剤の注射だ。それから、エサにふりかける木炭の粉みたいなもの。この炭が、エサの中にある、老猫の腎臓に悪い物質を、吸着してフンとともに外に出してしまう、という、ダイレクトなんだか迂遠《うえん》なんだかよくわからない薬。ラマちゃんには、値段の高い「腎臓のために良い」エサをやってるんだけど、それでもまだ体に悪いらしい。


「薬、何日分出そうか？」

そんな「まあ、いずれ……」の治療でもラマちゃんは元気に生き延びている。でも先日、急にエサを吐き、元気がなくなった。

「ついにお迎えが来たか」

いくら「いつまで生きる気か」なんて思っていても、実際に死なれるとなると、人間ほどではないがいろいろと気も重い。暗い気分で中年女医のところに連れていった。

「なんか吐いて、元気なくなりまして」

「あらー。そろそろなのかしら」

中年女医は「朝が来たら夜も来る」というような口調で言った。で、いつもの通りの点滴と注射をして、吐き気止めの薬を処方してくれた。どうも、こういう場合に吐き気止めというのは、病気のモトを無視した、単に表面を糊塗《こと》した処方のような気もするのだが、それはいい。中年女医の治療方針で、私らはそれをヨシとしているのだから。

問題は次のセリフだった。

「薬、何日分出そうか？　三十日……いや、二週間ぐらいにしとく？」

笑いながらこう言った！

これはつまり一カ月分出しても途中で死んだら薬がムダになるんで、半月分ぐらいにしときますか、ということだ。

「いやそんな縁起悪い、一カ月もらっときます……」

と、私ら夫婦も笑いながら答えた。ひどい言い草だよなあと思いながらも、中年女医の言うことに理有りと思わないわけにはいかない。というのも、ラマちゃんが調子を悪くする前日、ラマちゃん用の療養食をネット通販で大量に頼んでしまっていたからだ。

翌日ラマちゃんがげろげろ吐いてるのを見た瞬間、私たちだって思いましたよ、「早まったか！」と。

猫を飼って、ウンザリさせられている人間の、そういう気持ちというのはぜったいにある。そういうものを「なき物」にしているとぜったい後々にムリがくる。そう思うので、わが家にとってこの中年女医の動物病院は、「いい病院」なのである。

ありがたいことに、ラマちゃんはいつもの点滴と注射と、吐き気止めの薬で元気を取り戻し、通販で頼んでいた療養食もドサッと届き、なんとか「二週間」以上は生き延びそうです。

開拓地の牧師の祈り

しかし、「猫なんて死ぬもんだ」というサバサバ（というかザバザバ）した医者に、生きてるか死んでるかわからない猫を毎週看てもらっていると、ふと思い出す。何かといえば沈痛な面持ちになっていた獣医。

彼は関東のハズレの地味県の県庁所在地の、そのまたハズレの田んぼと畑がフィールド・オブ・ドリームスのように広がる田園地帯にぽつんと建った動物病院の院長だった。山本太郎《やまもとたろう》に似た若者。大学で獣医の資格とって、郷里の土地の安いとこに開業したか、という雰囲気。

この人に看てもらっている時に、老婆猫のヘコちゃんが亡くなったのであるが、ヘコちゃんもラマちゃん同様の、年寄り猫の宿命である腎臓病だった。食が細くなり、一日中静かに寝ているだけ、というような日々を過ごし、最後は蚊取り線香が燃え尽きるように音もなく亡くなったのであった。

ラマちゃんみたいに「げろを吐く」などのアピールがあれば「週にいっぺん点滴」に行ったりもするのだが、ヘコちゃんはなにしろ静かなもんで、死の間際まで月にいっぺんぐらいしか獣医に看せなかった。すまなかった。

その時に行ってたのが山本太郎青年獣医で（関係ないが、「青年獣医」というと、青と獣で何かとてもエロな感じがする）、彼は若い真摯《しんし》な医師によくあるタイプの、何もかも説明してくれる人だった。

飼い主としては、二十年生きて骨と皮と毛だけになったような静かな老婆猫だし、お歳に不足はない、まあフェイドアウトで仕方なし、の心境になっているので、長々とした説明（結局最後は死ぬに至る）はべつにいらないんだが、この青年獣医の、どこか開拓地の牧師がたったひとりの信者が死ぬ時に最後のお祈りをするかのごとき敬虔《けいけん》な表情には、つい長い説明（それも繰り返しが多い）も聞いてしまうというものだ。何かこう、自分までが「良き飼い主」となったような気分にさせてもらえる。

ただ、その青年獣医のところに、クダちゃんを連れていって、てんかんの薬をもらおうとした。前の獣医から診断書をもらってきているから、クダちゃん本人を連れていく必要はないわけだが、そこはそれ、前の獣医に「癒し系」とまで賞賛された「目のすわった、心の少ない、やたら噛みつく猫」ですから、やっぱり次の先生にも見てホメてもらいたい。

と思って、リュックサック型のキャリーにクダちゃんを詰めこんで病院行ったんだけど、青年獣医は先に渡した診断書だけ見て、私たちがいそいそとキャリーからクダちゃんを出そうとしたら「いや、いいです」と言い私らは「えーっ」と心の中でプーッとふくれた。この時点で、この医者の点数は落ちるところまで落ちた。でも青年獣医はてんかんの薬を出してくれながら、これからてんかんを背負って生きる猫がどのような道をたどるのかを、真摯にしゃべり続けるのだった。といっても、すぐに死ぬとかそういう話ではない。なのに青年獣医はまるで末期ガンの告知をするからむりやりにニコヤカな表情をつくったが言葉は途切れがちな医者、みたいな口調で言うのだ。

思わず不安になるけど、内容は別に不安なものじゃなく、となると、病院でこうやってほのかに悲劇な気持ちを味わうというのは、なかなか悪いものではない。

3. 猫を自分のようにしてしまう獣医

目に見えたまんま

これこそ私の考える、究極の獣医だ。

といってもこれだけじゃよくわからないと思う。猫を自分のようにしてしまう獣医？

これは最初の獣医であった。

結婚して最初に住んだ家の、いちばん近所にあった動物病院で、獣医にもいろいろな名称があるけれどどここは「いぬねこ病院」と名乗っていた。いぬねこはひらがな。

動物病院、獣医科医院、ペットクリニック、などはよく見るのに「いぬねこ病院」は最近見かけない。昔は獣医といえば「犬猫病院」と言ったものだが。

近所だったうえに「いぬねこ病院」だったのも気に入って通い始めたそこは、私たち夫婦の考える「最良の獣医」だった。最初に最良に出会ってしまうというのもいいのか悪いのか。まあいいことなのだろう。

そこの獣医は、見た目は徳洲会《とくしゆうかい》病院の徳田虎雄《とくだとらお》にそっくりの、いい人なのかハラに一物あるのかわからない風貌で、連れていった猫についての感想は、ヘコちゃんがすごく頭が小さかったので「頭ちっちゃいなー」、クダちゃんが徳田獣医に対して（飼い主の私たちに対してもだが）ウーウーと不穏にうなりまくるのを見て「怒《おこ》り（大阪弁でいうところの怒りんぼ）やなー」、黒猫を連れてったら「黒いなー」など、目に見えることを指摘するのみにとどまる。

徳田獣医のもとでは、猫の生き死にに関わることは起こらなかった。いや、猫が車に轢かれて死んだんだが、夜のことで電話しても出ず、他の獣医に駆け込んで「ご臨終です」と言ってもらった。これをして「肝心な時に役にたたない徳田獣医」ということもできるが、何をどうしても猫は死んだので、嫌な思い出をそこでは残さずにすんだともいえる。

避妊手術の一部始終を見る

徳田さんには、猫の去勢手術、避妊手術をやってもらった。

最初の飼い猫は夫が連れていった。

夫は、実家で猫が仔《こ》を生んだ時、子猫といっしょに母猫のおっぱいを吸って猫の母乳を味わったという男なので（ちなみに、人間ではうまいこと吸えないそうです。乳首の先っちょにたまってた母乳を一滴ぐらいしか吸えなかったそうです。味なんかわからなかったそうです）、猫の避妊手術をするのならば、手術に立ち会いたい、という希望を持っていた。

ふつう、避妊手術や去勢手術は患畜が一泊入院するものである。徳田獣医はしかし、日帰りで、と言った。猫を病院に連れてって、手術をして、麻酔のかかったうちに連れて帰る。猫としても病院のオリの中にいるのなんかイヤだろうから、早く家に帰りたいはずである。……というか、徳田獣医の病院は入院の施設がないようなので、そうするしかないのであった。今どき入院治療をしない獣医というのもめずらしい。入院費治療費その他で稼ぎどころだろうに。

なので夫は、猫を連れていって、手術の時は家に帰るとか買い物するとかしてから猫を迎えに行く、ということをせず、そのまま病院にいて手術に立ち会う、という計画を立てていた。獣医はいやがるだろうが、飼い猫といえば自分の子も同然！　その大切な避妊手術をこの目で確かめたい！　そのためには獣医がなんと言おうと！

と、心中気合いを入れていたら、そもそも猫に麻酔を打つところからだんなは手伝わされ（暴れないようになだめながら押さえ、麻酔を打ったらすっかり眠り込むまで抱いているように命ぜられた）、あまりにもあたりまえのように「じゃあ始めます」。

そして手術の一部始終を見たのだった。

その後、ヘコちゃんとその姉妹のコメちゃんの避妊手術の時には私が連れていった。私の時も、当然のように手術を見た。というか見させられた。ヘコちゃんとコメちゃんは同じ日に生まれた姉妹だから、避妊手術も二日連続で行われた。初日にコメちゃんの手術の一部始終を見て、徳田獣医が当然のように「これが子宮や」とか「これが卵巣や」とか説明してくれるのを「はあ」「はあそうですか」と聞いていた。

翌日はヘコちゃんの手術で、前日に手術のすべてを見させられ説明もされているので二日連続で見学はしなくていいかなと思っていたら、また当然のように「これが子宮や」と始まってしまい、席をはずす機会を逸した。しかしまったく同じ説明を二日連続で聞くというのは、いくら猫の開腹手術という流血ショーというめったに見られないものであっても、飽きるものである。

そんなこちらの気持ちを見透かしたか、徳田獣医は前日のコメちゃんの時よりも無駄話をいっぱいしながら（サービスのつもりだったのだろう）手術をした。

しかし無駄話のしすぎで時間くっちゃって、まだお腹を縫ってないのにヘコちゃんの麻酔が覚めはじめてきたではないか！

目をさまして痛がって暴れて血が飛び散るなどということはなく、ただビクビクと体を震わせる程度のことだが（それでもたいへんなことだ）、徳田獣医は「あ、さめてきちゃった」とまるでコントのように早回しでチクチクチクチクとヘコちゃんのお腹を縫い合わせたのだった。しかしそのヘコちゃんは二十歳を越える長生きをしたので、徳田獣医はなかなかな腕前なのである。

先生の顔に似てくる

その他、ここは手術の代金が安かったり、ただでさえ安いのに、ナゾの「福祉協会の募金」なるものを適用してくれてさらに安くしてくれたり、それはまあ私たち夫婦の風体がとても貧乏人くさく見えたのだと思うからありがたく安くしてもらった。でもこの徳田獣医のところには黒いキャデラックでゴルフウエアに便所サンダルつっかけてアフガンハウンドを診せにくるどう見てもカタギじゃない飼い主がよく集まっていた。ある時、待合室で待ってるときにそういう非カタギの飼い主さんと徳田獣医がしゃべっていて（そういえばここも待合室というものがなくて、入るといきなり診療室で誰かと一緒になるとすべては丸見えの丸ぎこえだった。そういう動物病院のほうがいいと思う）、徳田獣医はやはり「福祉協会の募金」を勝手に適用してあげていた。誰にでも金銭的に親切なのだ。

とまあ、いろいろと徳田獣医についてご紹介させていただいたけれど、徳田先生がなによりもすごいのは、

「先生が手術した猫は、先生の顔に似てくる」

ということなのだ。

徳田獣医は、わが家の去勢・避妊手術を一手に引き受けてきた。うちは引っ越し家庭だが、なぜかこの徳田獣医のいる土地には三回も住んでおり、ちょうどその時に「飼い猫の去勢・避妊手術をするべき時」がぴたっと重なった。そういう運命だったのだ。

徳田獣医には、総計六匹の猫の去勢・避妊手術をしてもらった。

六匹の猫は、血縁のものもそうでないものも入り混じっていて、似たやつもいれば似て

ないやつもいる。しかしまあ、だいたい今の雑種猫のトレンドである「細めの顔、大きな耳」をしていた。これはシャム猫が昭和三十年〜四十年代にドッと人気が出て、あの顔と体型がどんどん雑種猫に入り混じっていった挙げ句のことで、今はシャム猫はそれほど人気じゃなく、アメリカンショートヘアやスコティッシュフォールド（あの耳が垂れた猫。私にはよくわからない。猫の魅力はぴんと立った耳じゃないのだろうか）が大人気であるから、あと十年ぐらいしたらアメショみたいな丸顔のずんぐりした猫が野良猫となってそのへんを歩き回ることだろう（テキトーな予言）。

まず、最初に、避妊手術をした黒猫。これはほっそりしたメス猫だった。そのあとに避妊手術した黒いメス猫。これは最初の黒の妹なのでほぼうりふたつ。

これが手術後に、なんとなく目つきとか首回りの感じとか、何よりも逆三角形だったはずの輪郭が逆じゃない三角形のオニギリ形になってしまった。ただ太るというだけではなく、面貌が変貌してしまった。これはいったい……何かに似ている……と考えてハタと思い当たった。

徳田獣医だ。

黒猫姉妹二匹だけなら、偶然ということもいえる。子供の頃と大人になってからぜんぜん顔の変わる人間だって多いし。

しかしその後、ラマちゃん、コメちゃんヘコちゃん、そしてクダちゃん。みんな徳田獣医に手術してもらった。そして、みんな、徳田虎雄的な風貌に変貌した。丸みをおびたオニギリ形で、目はぎょろりというかどろりというかそんなふうで、太ったとだけでは説明のつかない、変わり方である。

しかし問題はない。私たち夫婦はこの徳田獣医を「ナンバーワン獣医」と認定しているから、そんなナンバーワン獣医に顔が似るというのは「素晴らしいこと」なのだ。

ヘコちゃんはその後手術知らずで一生を終えたが、ラマちゃんもクダちゃんも抜歯だの尿道を広げるだのの手術を経験した。でもそのオペをしたカツラ院長や横山ノック院長に顔が似てくることなどなかった。徳田院長の影響力感化力たるやものすごいものがある。これほどの獣医に、これから会うことはあるのだろうか。

第四章
世界の有名猫

あわれ斬られた猫

猫は昔から人間の傍らにいる。

だから昔から、多くの猫が絵画や小説や映画に描かれてきた。

そんな、世界の有名猫たちをズバズバと斬《き》ってみたい。

実際に斬るわけではない。

猫を斬るといえば三島由紀夫《みしまゆきお》の『金閣寺《きんかくじ》』に出てきた有名な禅の公案「南泉斬猫《なんせんざんみょう》」が思い出される。

坊さんたちが可愛い猫を囲んで「このネコオレのだ！」「ちがうオレのだ！」で言い争いしていたら、師匠のエライ坊さんが出てきて「お前らもっと坊主らしいこと言えよ、言えなかったら猫斬るぞ」と怒鳴るも、坊さんたち沈黙、あわれ猫は斬られてしまいましたという話。いや、もっと高尚な意味あいがある話なのかもしれませんが、今も昔も私にはこうとしか読めず、『金閣寺』を読んでから私は「禅宗はダメ」と断を下した。

そりゃ私だって、うちの猫が夜中にエサやった次の瞬間から「エサをくれエサをくれ」と喚《わめ》きだしたりしたら一瞬「斬ったろか」と思うことがないとは言わない。しかしほんとうに斬ることはない。「人を殺してみたかった」と言ったり書いたりするのと、実際に人を殺すのとでは大きな隔たりがある。まあこの南泉という坊さんがほんとに斬ったかどうかも定かではないが。せいぜい「ぶつぞ」程度で、頭ひっぱたいたら猫に逆襲されてひっかかれた、というような話を「この際かっこよく」と斬る話にでっち上げただけかもしれない。だとしても猫を斬ることが「かっこいい」と考えてるとしたらやっぱり禅宗はダメだ。

話がそれてしまったが、有名だけど「なんで……」と思うようなヤツがもてはやされていたり、無名に近い猫でも素晴らしいのがいたり、あるいは「気にも留めていなかった著名猫」の、その著名さはどこから来るのかがわからなかったりする場合もある。今、皆さんに「ああ、猫ってこういうのがいたいたいた」と思い出していただくとともに、ほんとうに素晴らしい猫とは、ということをいまいちど考えてみてほしいと思うのである。そのために、古今東西の著名猫を俎上《そじょう》にのせてみよう。

1. タマ

猫の原型

タマといえば最近では「和歌山電鐵貴志川線貴志駅《わかやまでんてつきしがわきし》のスーパー駅長・三毛猫のたま」、のほうが著名だが、ここで言うのは『サザエさん』ちのタマのことだ。

ふと思ったのだが、日本人にとっての「猫の原型」がサザエさんちのタマなのではないだろうか。猫を飼ったこともなく、猫の実態を知らない何百万もの人をもひっくるめた日本人が考える「猫の姿」。

というのも、あのタマってやつ、不思議なほど可愛くないからだ。長谷川町子《はせがわまちこ》という人は天才の域にあるほど絵がうまい、そして犬や猫が大好きだといっていたのに、なぜかタマは可愛くない。

タマは食卓の焼き魚を盗み食いしたり、コタツで丸くなったり、「幻想としての猫」そのものの行動をする。

私など、猫の奴隷（身も心も）みたいなもんであるからどんな猫でもその長所と短所を見つけて愛《め》でるのだが、サザエさんちのタマの可愛くなさというのは、猫に興味のない人が猫を見る時に「こういうふうに見えているのではないか」とわからせてくれるものがある。私だって、猫がみんなタマみたいなヤツだったら、それほど猫が気にならないだろう。

そのあたりのことまで考えてのタマの造形だとすると、長谷川町子はすごい。

（ふと思ったが、サザエさんちのタマってのが継続して出てくるのはアニメのほうだった。ならタマの造形はそれほど長谷川町子はからんでないのか。長谷川町子が自分で描いてたマンガのサザエさんのほうは、飼い猫はいろんなのが出てきて「タマ」という決まったヤツがいるわけではない。でも、そこに描かれたいろいろな猫たちは、タマほど可愛くなくないが、やはり微妙に「本当の猫の可愛さ」からズレているのだった）

2. 古い猫

ミイラ入り猫型棺おけ

古代エジプトの壁画なんかに描かれている猫はどうも可愛くない。ひねこびたシャム猫みたいなのばっかりだ。壁画は様式化されてるからあんななのだろうか、それとも古代エジプトの猫はああだったのか。とかねがね思っていたところ、イギリスのカーナヴォン卿《きょう》がツタンカーメン発見する前に掘り出したという、猫のミイラの写真を見た。ミイラそのものではなくてミイラ入りの猫型棺おけ。まだ子猫だったのだろう。ころんとしていて、顔も丸くて、目がどんぐり眼で、これが可愛い。

同じように古い時代の様式化された猫といえば、浮世絵の中に出てくる猫がいる。美人の横にいる白地に黒ブチとか三毛猫とか。なぜかキジ猫は見ないが、版画で刷りづらいから白黒や三毛に逃げたのか。それとも江戸時代の日本は白黒と三毛の天国だったのか。この白黒や三毛が可愛くない。表情といい態度といい、化け猫みたいである。今のところ、カーナヴォン卿が発見した猫のミイラ入り棺おけのようなものを、当時の日本の美術品から見つけ出すことができていない。日光東照宮《にっこうとうしょうぐう》の眠り猫だって、寝てる猫はもっと可愛いはずなのに、あれはなんだ、と左甚五郎《ひだりじんごろう》の胸ぐらつかみたくなる。日本文化はエジプト文化に劣る、と決めつけたくなる（そもそも時代がまるっきり違うが）。

3．キャッツ

ブロードウエイ版は可愛い

アンドリュー・ロイド＝ウェーバーの名作ミュージカル『キャッツ』。ストーリーと音楽はともかく、この猫がぜんぜん猫に見えない。まるで可愛くない。ミュージカル作品として、こんなに可愛くない猫の造形していていいのか。

……と、思っていたんだけど、それは私が日本の劇団四季《しき》の猫しか見ていないからだった。ブロードウェイの『キャッツ』の映像を見たら、可愛かった。まあ、猫には似ても似つかない生き物であることは日本と同様であるが、可愛けりゃいいだろう。なんであぁ違うんだろう。役者のスタイルの差だけではない何かがあった。

そういえば、ベルギーの猫まつり、というのがあって猫のかぶり物かぶった人が行進しているのをテレビで見た。このかぶり物の猫というのがまた「どこが猫やねん！」というほど凶悪な顔なのだ。しかし、その「実際の猫とかけ離れている」その離れぐあいは、キャッツの猫（外国版）と似ている。

キャッツの日本人キャストは、頭の中にある猫が、サザエさんちのタマとかニャロメとかマイケルとかなもんで、外国人の提示してきた猫とのギャップを埋めきれず、結果、あんなへんな猫になっちゃっているのではないか。と勝手に結論をつけてすっきりした。

4．マンガの猫

動物のお医者さんのミケがいちばん

サザエさんちのタマを筆頭として（タマが筆頭でいいのか）、古今東西、いろいろいる。順不同で思いついたのをぱっぱと挙げていこう。

・トムとジェリーのトム

さすがによくできた猫だ。ずるがしこいようで肝心なところがマヌケ、というところなど、猫というものをよく見ている。

・猫村《ねこむら》さん

これはさっぱりわからない。猫らしくもなければ猫の可愛さ哀れさもない。この猫村さんという生き物の性格はいいが。

・ニャロメ

赤塚不二夫《あかつかふじお》は菊千代《きくちよ》という猫を愛していたのだから猫の良さもわかってるはずなのに、ニャロメが猫のキーキーしたところだけ誇張したようなただの悪漢になったのは不満。

・ひみつのアッコちゃんに出てくるシッポナ

同じ赤塚不二夫でもこちらはまだマシ。まあよく見ればぜんぜん猫らしくないんだけど。でもシッポナという名前はなかなか思いつかない、猫らしい可愛い名前だ。

・マイケル

連載当初のマイケルは、そうそうそう猫ってこうなのよ！　といちいち激しくうなずかせるような猫写が満載でよかったのに、だんだん太ってきてホンモノの猫というよりドラえもん的な見た目になり、さらに行動も類型化してきた。その頃に連載も終わったので、作者もそのへんはわかってたんだろう。猫が好きでも仕事に追われるとそういうことになる。

・ドラえもん

こいつを猫と言われても理解できない。猫らしいところがひとつもない。

・うる星《せい》やつらのコタツ猫《ねこ》

まあ、悪くはないという程度の猫。

・じゃりン子《こ》チエの顔の四角い猫

大阪の路地には確かにこういう猫がいる。

・魔《ま》女《じょ》の宅急便《たっきゅうびん》の黒猫

アニメの黒猫としては出色の可愛さであるが、その可愛すぎるところがどうもつまらない。できすぎの感あり。

・フェリックス
洋モノの猫の中ではいちばんキュート。デザイン的にも優れている。ただし表情なんかぜんぜん猫らしくはない。

・いなかっぺ大将《たいしょう》の猫
じゃりン子チエのとこの猫と似ているようで似ていない。つまり猫らしくない。長所も短所も猫らしくない。ダメ。

・綿《わた》の国星《くにほし》のチビ猫《ねこ》
幼女の姿をしているという、猫にあるまじき猫なんだが、動き方がすごく猫らしいので納得させられてしまう。大島弓子《おおしまゆみこ》さすが。

・動物《どうぶつ》のお医者《いしゃ》さんのミケ
日本のマンガの中に出てくる猫でいちばん好きだ。猫ってこういうもんです。

・アタゴオル物語《ものがたり》のヒデヨシ

こいつも猫じゃないが……まあしょうがないな、ヒデヨシだし、と許してしまえる存在。ますむらひろしでは、宮沢賢治《みやざわけんじ》シリーズに出てくる猫（登場人物がみんな猫として描かれる）のほうが、猫のぼんやりとした感じがよく出ている。

・ディズニーのおしゃれキャット

昔よく、陶器でできた首の長い猫の置物が瀬戸物屋に売っていたものだが、おしゃれキャットを見るたびに昔の瀬戸物屋のほこりっぽい棚を思い出す。ディズニーは犬を描くのはうまいのに猫はイマイチですよね。

5．グリ猫

名牝の愛猫

これにはちょっと説明が必要だ。

十九世紀に現れた競馬の名馬にキンチェムというやつがいる。ハンガリーの馬で五十四戦五十四勝という、いまだに破られていない記録を持ってる牝馬《ひんば》で、賢い優しい馬だったそうである。この馬を世話してた厩務員《きゅうむいん》が寒い夜中に馬のそばで寝てたら、キンチェムが自分の馬服をかけてくれたというエピソードもあるぐらいで、猫では（それもうちのバカ猫では）こうはいかないと感動するばかりだが、厩務員もキンチェムにぞっこんで、キンチェムの死後も一生独身を貫いたそうで、そりゃ可愛くてきれいで強くて優しくて、そのへんの女なんかとつきあっちゃいられなかっただろう。

で、この稀代《きたい》の名馬キンチェム嬢には、愛猫がいた。厩舎に棲《す》みついてて、遠征（外国まで！）にも一緒にでかけ、遠征先で猫の姿が見えなくなるとその場をテコでも動かず、猫が帰ってくるとやっと安心して馬運車に乗り込んだという。猫が死んでキンチェムの元気がなくなったので、かわりに新しい猫を入れてみたら、かみ殺してしまった！　気持ちはわかる。一見よく似たような猫でも可愛いのもあればどうしようもないバカもいる。「こんなんじゃないのよ！　キー！」と怒りのあまりかみ殺しの挙に出ちゃったんだろうキンチェム。

その、キンチェムと仲のよかった猫の名前が「グリマルキン」というのだ（と、書いたけれど、名馬物語とか読んでもそんな名前は出てこない。私の思い込みか？　まあいいや、ここはグリマルキンと信じよう）。キンチェムの絵は残っているのにグリマルキンの絵は残っていない。だから想像するしかないのだが、きっと西洋の野良猫によくあるタイプの、でかくて固太りの、ちょっと毛の長い（といってもペルシャ猫ほどではない）、ふてぶてしいキジか赤トラの猫だろう。

文化住宅の巨大なトラ猫

話は変わって、よくニュースのヒマネタで「旅先ではぐれた猫、何十キロの距離を歩いて帰ってきた！」というようなのがある。数年に一回ぐらいこういう猫が出現する。『猫の手帖』なんか読んでいると、「猫のニュース」を紹介した欄で「見飽きたけどそんなことは言わずに登場するたびにエライエライとほめてあげる」ような感じでよく見る。

そんな中で、帰ってきた距離が確か千キロ超えだったという猫がいる。あんまりメジャーじゃない西洋の国の猫で、その名前が「グリブイユ」というのだ。写真が載っていたのを見ると、西洋の野良猫によくあるタイプの、でかくて固太りでちょっと毛の長い、ふてぶてしいキジ猫だった。

話はもういちど変わって、以前、大阪府内の、絵に描いたようなぼろい文化住宅に住んでいた頃のことである。何しろ文化住宅がびっしり建ち並んでいる地域なので、わが家の裏は、一本むこうの道の文化住宅の裏側と接していて、そのスキマは猫が一匹通ることぐらいしかできない。

なので、イタチ、ドブネズミ、手のひら大の大グモ、などがその裏のスキマを我が物顔に歩いていた。魑魅魍魎《ちみもうりょう》の通り道だった。

で、そのへん一帯の文化住宅は、さすがの文化の高さゆえ、犬や猫を飼いまくっていて、夜中までムダ吠えがウオンウオンと響き渡ったり猫のケンカの声がのべつまくなしにしていたが、一軒おいた隣の家で何かの取り立てで玄関のガラスを叩き割るとか、三軒むこうにある喫茶店でゲーム賭博《とばく》やってるらしいのを内偵に刑事が来たり、隣の家の兄弟ゲンカで大音響とともに壁がしなったり（若いのが二人まとめて壁に激突するので）、反対隣の留守宅でガスが漏れて警報機が鳴り続けたりしていたので、犬のムダ吠え猫のケンカなど何ほどのこともなかった。かえって犬猫の声にひとときの癒しを得たぐらいである。

で、裏の文化住宅の飼い猫。こいつが巨大だった。茶色というか黄土色というか、山吹色みたいなトラ猫。表情はどんよりとしていて動きものろいが、それは動物園のライオンみたいなのろさで、いざとなると獰猛《どうもう》にキバをむき獲物に襲いかかりそうなんだが、結局いちどもそんな姿は見たことなく、ただどんよりのろのろしているだけだった。それでも何かタダモノでないという雰囲気だけは持ったやつだった。

本来家の中で飼われてたようなんだが、何かあると脱走して、裏のスキマ道に身を潜める。するとそこの飼い主さんが、朝な夕なとそいつの名前を呼ぶのだ。「グリ、グリ、グリー」

グリは呼ばれても身じろぎもせず、声のほうを一瞥《いちべつ》するだけだ。クモの巣をヒゲにくっつけて。

「グリ」のつく猫は尊敬

ここで紹介した猫三匹、すべて「グリ」が名前につく。グリという音が共通しているだけで、あとはまったく関わり合いのない三匹だ。しかしこの三匹には「ある種のすごさ」というものが共通している。……とか言ってるがキンチェムのグリマルキンは、見たこともなくて勝手に想像してすごいとか言ってるだけか。

以来うちでは「グリ」のつく名前の猫は尊敬するようにしている。尊敬に値するように、うちに来る猫にグリがらみの名前をつけようかと考えることもあるが、「そんな軽々にグリなんて名乗らせてはいけない。猫がカンチガイしたらどうする」と思ってすぐひっこめる。グリ猫は、自然と「グリ……」と呼んでしまうような風格を漂わせているのだ。むりやりグリなんて名付けなくとも。そして、グリ猫を飼うとなると、その飼い主にもそれだけの人格が要求される。もしグリ猫がわが家を訪ねてきても、自分がグリ猫にふさわしくなければ、飼うなどという畏れ多いことはできない。

いつかうちでもグリ猫を飼うことができるだろうか。

6．フリスキーとソックス

大統領選挙に立候補した猫

アメリカ大統領選挙になると、常に頭に浮かぶ疑問がある。

というのも、ふつうは民主党か共和党の二大政党の対決、と報道される。出馬してるのはオバマとマケインの二人だけか、と思わされるが、実はもっと有象無象の人々が泡沫《ほうまつ》候補として立候補しているらしい。そりゃそうだろう。こんな小さい日本だって泡沫候補が立候補する。アメリカなんか巨大なうえに、日本以上の平等をタテマエとする社会だ。無名だったりアブナかったりするがケタ違いの金持ちが、莫大《ばくだい》な供託金（があるかどうか知らないが）を払って立候補する泡沫候補が千人ぐらいいても驚かない。

だが、猫が立候補したとなると驚く、さすがに。

フリスキーといえばキャットフードの銘柄だが、もとはアメリカの実在の猫だ。あの缶詰のラベルにどーんと載ってる、あの赤猫がフリスキー本人。キャットフードのイメキャラとしてはちょっとふてぶてしい、たぶんアメリカではあの手の猫が好まれるのであろうという、フロンティア精神にあふれた顔つきだ。西部の男とでもいうか。

このフリスキーは、アメリカ大統領選挙に立候補したことで有名である。

……という話を聞いたことがあるんだけど、それはどういうことなのだろうか。大統領のスピーチ台みたいなところでマイクを前にフリスキーが座ってる写真は見たことがある。それは単にそういう扮装《ふんそう》をしてみた、というだけの話なのか。それとも本当に大統領選挙に立候補したのか。まさか猫が立候補できないとは思うんだが、「いや、アメリカという国は自由と平等の国だ。猫だって手続きを踏めば大統領選に立候補は可能だ」という声も聞こえてくるのだ。で、四年に一回、大統領選になるとフリスキーを思い出す。はたしてフリスキーの立候補はシャレだったのかそれとも正式なものだったのか。

フリスキーは大統領になってもイケそうなやつではあった。思わず一票投じそうになるぐらいの。ただ、雰囲気としてフリスキーはタカ派のような気がする。全米ライフル協会の会員とかもやってそうだ。

クリントンの堂々たる白黒猫

大統領がらみでいうと、クリントンの愛猫であったソックスという猫。ホワイトハウスに住んでいて、大統領のスピーチ台で撮られた写真もある。

見たところ雑種の猫っぽいが、大統領の飼い猫となるとどうしてこう立派か、という堂々たる白黒猫だった。黒がほとんどで、足に白い靴下をはいているようだからソックス。うちの白黒猫などを見ていると、こいつが大統領のスピーチ台に立つことなど考えられないとため息がでる。

しかし、ヒラリーの自伝を読んでいたら、ホワイトハウスの後期には、新しい犬を飼うようになってソックスはナンバーワンの地位から転落していたらしい。そういやあんまりメディアにも出なくなっていた。クリントンのジッパーゲート事件や、ヒラリーが大統領候補になれなかったのは、ソックスをないがしろにした報いではないか。

そういえば、英国首相官邸にも猫が「公式に」住んでいて、エサ代が政府予算から拠出されたりしていた。飼い猫の葬式を首相がやったり、やはりアメリカやイギリスは、国として成熟していると思わないわけにはいかない。……でもまあ、英首相官邸の猫も写真で歴代のやつを見てみても、ため息の出るぐらい立派な猫であって、うちの猫みたいな見場も悪く性格も陰気で粘着質、なんて猫だったら、密《ひそ》かに報道官が捨てにいったりしたんではないかということも考えられる。

7．文学の中の有名猫

『吾輩は猫である』には猫がほとんど出てこない

これはたくさんいる。

……と思ったのだが、猫が主人公になってる小説というのはあんまりないかもしれない。

『吾輩《わがはい》は猫《ねこ》である』と『三毛猫《みけねこ》ホームズ』しか思い当たらない。でも私は申し訳ないことに『三毛猫ホームズ』を読んだことがなく、三毛猫のホームズがどのような活躍をするのかを知らない。三毛猫が「犯人はあの男だニャ」などとしゃべったりするのだろうか、ということが長年の疑問である。たまにテレビの二時間サスペンスで『ホームズ』シリーズをやっていることがあり、それを見れば三毛猫ホームズの全貌はわかると思うのだが、ついナイター中継見て見そびれたり、外出するから予約録画しようとしてたのに外出するから電気製品の電源切って出かけちゃったりして、どうしてもちゃんと見ることができない。いっぺんちらっと見たテレビの『ホームズ』は、単なる三毛猫でしゃべったりしていなかった。でも私が見たその場面だけ、ふつうの猫に身をやつしていたのかもしれない。そんな具合なので、三毛猫ホームズについては語ることを留保せざるをえない。痛恨である。

夏目《なつめ》漱石《そうせき》の『猫』については、そりゃ言いたいことは山ほどある。

子供の頃、ちょっと文学ぽいものを読もうとした時、まず手に取るのは『吾輩は猫である』なのではないか。

なんせ、猫だし。何か楽しそう。「吾輩は猫である。名前はまだ無い」という出だしからして楽しくスルスル読めそうではありませんか。

しかし猫の楽しいお話を読もうとする人間にとって、これほど落胆をさせる本ていうのもありませんね。

猫がほとんど出てこない。私が小学校の時に買ってもらったのは分厚い上下巻になった『猫』であったが、その分厚い中に猫が出てくるところなんて数えるほどではないか。頭から読み始め、しばらく読んだところで「これは思ってたような本ではない」と気づき、あとはもうちゃんと読まないでページぱらぱらめくって「猫」の文字だけ探して猫が出てくるところだけ拾い読みした。そこばっかり読んだ。猫が出てくるところそのものは面白いのである。夏目漱石ってのは文を書くのがうまいもんだなと思いました。なので、『吾輩は猫である』がどういう話なのかいまだによくわからない。

この小説で、猫は最後に死ぬ。

猫に限らず動物が死ぬ話というのは、涙なしには読めない。『一杯《いっぱい》のかけそば』が「読む人みんな泣く！」とかいってたから「泣いたらイヤだなあ」と思いながら読んでみたのにひとつも泣けなかった。それなら『かわいそうなぞう』を読めば涙滂沱《ぼうだ》だ。それぐらい、物言わぬ（言えぬ）動物が死ぬのは哀しい。

しかるに、『猫』の死。

これが不思議なほど哀しくも悲しくもない。これほどまでに猫が死ぬことに何も感じさせない文章はない。

夏目漱石の弟子の内田百閒は、『ノラや』の中で、なんの気なしに飼いはじめた猫にどんどん情が移り、いや情が移るなどという生やさしいものではなくほとんど「入れ込む」ような状態となり、その猫が行方不明になると、気も狂わんばかりに探しまわる。そして死んだ姿を思い浮かべて嘆き悲しみ苦しみ悔やむ。

本人が大まじめなだけに滑稽《こっけい》なのだが、それでも読んでいるとこちらも同じように胸がつまる。飼い猫が出かけたまましばらく帰ってこなくなった経験を持つ人ならわかる、この胸のざわめき。そのへんを描くのが、さすが内田百閒。うまい。漱石の弟子なだけのことはある。

しかし、『猫』の最期をああいう感じでサラリと書いたり、『文鳥《ぶんちょう》』で、文鳥の死をさらにサラリと書く漱石と、飼い猫の行方不明であそこまで身も世もないほど嘆き苦しみ悲しむ内田百閒は、実は合わなかったんじゃないだろうか。師の『猫』については批判的な気持ちがあったとか。勝手に言ってるだけだけど。でも、夏目漱石と内田百閒のいがみ合いなんて、想像するだけでめんどくさそうだ。

猫と哲学はもっとも遠い

海外の文学作品における猫……となると、海外の文学作品をあんまり読んだことのない不勉強者なので、と最初に逃げをうっておいて書きますが、外国人の猫への対し方と、日本人の猫への対し方は、そもそもちがってるんじゃないだろうか。いやほんとに、海外文学なんてよくわかりゃしませんが、『カモメに飛《と》ぶことを教《おし》えた猫《ねこ》』なんてのが思い浮かぶ。ああいうところに出てくる猫はみょうに哲学的でいやだ。

猫と哲学って、もっとも遠いところにあるもんだろう。

うちのラマちゃんは考え深い猫だけど、哲学的な思索とはほど遠い。というか完全にベクトルは逆。日々の憂さをぐずぐずと悔いているだけで時は過ぎ去る。あとは寝てるだけ。寝て憂さを晴らすわけではなく、起きたらまたぐずぐずと憂さを悔いる。堕落猫悔いーる、である（自分で書いていて猫にも自分にも情けない……）。

ラマちゃんに限らず、私の知ってる猫は誰一匹として哲学的なやつなどいない。顔だけでもそれ風、なんてのもいない。猫を身近に見ていたら、哲学的警句を吐かせたりする、ような気持ちになど、まったくならないはずだ、と思って海外文学における猫の描き方に私は不信感を抱くのである。しかしもしかすると、海外の猫は顔つきから行動まで、哲学的だったりするのだろうか。海外文学よりもさらに海外に詳しくないもので、そのへんのことがさっぱりわからない。岩合光昭《いわごうみつあき》がエーゲ海あたりに行って撮った猫の写真集を見る限りでは、ほぼ「わが家の猫」と同じような、だらけてぼんやりしてるか、こすっからいような、非哲学的な猫しか写っていなかった。岩合さんが日本の人なので、つい無意識のうちに「日本的な猫＝非哲学的な猫」ばかりを被写体に選んでしまったということなのだろうか。

鹿島茂の黒猫

そんなことなので、ここでは日本の文学に登場する猫についての話にしたい。

小説に登場させなくても、猫について書く作家は多い。作家がエッセイなんか書く時に格好のネタなんだろう、猫ってのは。

といいながらも、猫を飼うことについてのナサケナサに言及しているものがあまりないようなのが不満なのだ。バカ猫を飼ってしまっている飼い主のオレがバカ、という視点が欠け落ちた猫エッセイは、読んだって「けっ、キレイゴトいいやがって」という気持ちになってしまい、素直に読めない。

そんな中で、鹿島茂《かしましげる》のエッセイによく出てくる飼い猫の黒猫。鹿島さんはなにしろフランス語の専門家でフランス文学に造詣《ぞうけい》が深い人であるから、猫の描写もフランス風に（なのかどうかわからないが）美しい。

しかし猫に向かって美辞麗句を並べるような愚を犯すなんてことはなく、たんたんと猫について述べる。「なにしろ、食べて一日中寝てばかりいるデブ猫なので、横になると、腹の脂肪がゲル状の物質のように『流れて』床に大きく広がる」などという描写は、哀しさと諦めをたんたんと美しく描写した名文だ。猫のことを書くならこうありたい、と思う。しかしうちの猫をたんたんと描写するにしても、いつも粘度の高いよだれをヒモのように口から垂らしている……などということを、たんたんと美しく哀しく諦めとともに描写することは私の手に余る。

そういう、猫の書き手は少ない。関係ないが、猫の書き手というと、猫が書いているみたいである。猫が書いたら面白いことでも書きそうな気が一瞬するが、冷静に考えると、きっとダラダラとぬるくてつまらないことしか書けないことだろう。猫なんてそんなもんだ。

素晴らしい猫を感動的に描く村上春樹

文学の猫。

というと、やはり村上春樹《むらかみはるき》だ。

村上春樹がノーベル文学賞を取るとしたら「その卓抜した猫の描写」というのも授賞理由にぜひ加えたい。村上春樹の描く猫は素晴らしい。

もちろん「猫が素晴らしい」のではなくて「描き方」が素晴らしいのだ。

村上さんは猫を飼っている。飼っているだけに猫のナサケナサは知り尽くしており、カスだらけの猫の中で、黄身が二つ入っているタマゴの出現と同じぐらいの割合で出現する、素晴らしい猫についても、たんたんと、しかし感動的に描いてくれる。

素晴らしい猫を感動的に描く。これが容易なことではない。

そういう趣旨の文章は、いわゆる「猫エッセイ」にゴロゴロ転がっている。可愛い猫の話、賢い猫の話、見事な猫の話……。

でも、考えてみてほしい。

まず「素晴らしい猫などめったにいない」のである。

なのに猫の素晴らしさを説く多くのエッセイはどういうことなのかというと、「猫を見る目がぬるいので、たいしたことない猫でも素晴らしく見える」「たいしたことない猫を素晴らしいとウソを言っている」

どっちかだということだ。見る目がぬるいほうの書き手は、そんな猫ひとつ見抜けないような人にそもそも感動的な文章が書けるわけはなく、ウソついてるほうの書き手は、所詮ウソつきなのでそんな感動的な文章が書けるわけがないのである。

その点、村上春樹は、猫を見る目がやさしいけれど冷徹で、おまけに文章がうまい。こういう人でなければ猫の感動話は書けない。

8. 映画に登場する猫

『三匹荒野を行く』のテーオ

アニメではなくホンモノの猫について。

これはけっこういますね。ディズニーの実写動物映画『三匹荒野《さんびきこうや》を行《い》く』というのを私は小学校の頃に見てたいへん感動した。犬二匹と猫一匹が遠いところから飼い主のところに帰ってくる、という（よくある）話で、その中の猫がうまかった。そんなに可愛いわけでもないシャム猫なのだが、ただ佇《たたず》んでるだけで、ちょっと気取っていて知恵もあるけど下世話なメス猫、というのがよくわかった。私がずっと主張している「顔が可愛くない猫のほうが可愛い。顔が可愛くない猫は顔が可愛くないゆえに人生の陰翳《いんえい》を知っていて、性格も複雑になっていき、そのムダな複雑さが不憫《ふびん》でたまらなく可愛い」ということに気づいた最初が『三匹荒野を行く』のテーオからだ。

そう、テーオという名前だったんですそのシャム猫。この名前もいい。テーオ。猫を飼っている人ならわかると思うが、猫の頭を撫でてそのままずっと背中まで撫でていき最後にはしっぽの端っこまで握ってきゅーっとした時の、あの感触。実に「てぇ〜お」という感じ。そして猫がうるさそうに鳴く声も「てぇ〜〜お〜〜」って言ってる。実に、猫というものの軽いような重いような存在感をうまいこと表現している名前だ、テーオ。

そこにいくと日本はダメだ。だって「チャトラン」ですよ。『子猫物語』の主人公がチャトラン。茶トラの猫だからチャトラン。猫の毛色をそのまま名前にするというのは、日本古来の伝統である。クロとかミケとかサバとか、個性はないけど、伝統に培われたいい名前だ。だから『子猫物語』も「トラ」だったら納得もいったのである。それが「チャトラン」。大負けに負けて「チャトラ」までならまだ許せた。しかし「チャトラン」はいかん。語尾に「ラン」とつくところに媚《こ》びが感じられる。猫のことをあんまり考えていない人に対して、猫の映画を売るためにつけられた媚びネームなのかもしれない。それなら全世界で公開されて興行収入百億円ぐらいになったんなら私だってチャトランをしぶしぶながら認めざるをえないが、あの程度で終わってるんだからほんとにしょうもない。ディズニーとくらべちゃムツゴロウに気の毒というものだが、猫のネーミングひとつとっても彼我の差は大きい。

その『三匹荒野を行く』、何年か前に『奇跡《きせき》の旅《たび》』というタイトルでリメイクされた。リメイク作品にオリジナル越えナシ、ということが長い人生でわかっていたが、私にとって記念の猫であるテーオを再び別猫で見るのも意義があることだろうと思い、見にいってみた。

ちゃぶ台ひっくり返したくなった。そもそも猫も犬も名前が違っちゃっている！　なんでテーオじゃないんだよ！　それに、前の映画は犬も猫もしゃべらなかった（当たり前だ。犬猫なんだから）のに、こっちはへんな俳優のアフレコが入って、おどけたようなこと言ったりする！　おまけに猫も犬も可愛くない！　可愛くない猫が可愛い、ということに例外があるということがよくわかった。こまっしゃくれ系の可愛くなさというのは、何をどうしても可愛くはならないものである。この映画を見て、日本もダメだが外国もダメだなと思った。

じいさんとうまくいっていないトント

そういえば『ハリーとトント』というアメリカ映画もあった。ハリーじいさんと、猫トントの物語。こう書いただけで猫好きには泣けてくるシチュエーションだ。しかしこの映画はイマイチだった。トント役は茶トラのとてもいい猫だったんだけど、どうもハリー役のじいさんとうまくいっていなかったように見えた。ハリーがトントを抱き上げようとするとトントが身をよじる。

うちの猫がそうである。静かに抱かれたりなんかしやがらねえ。うちの猫は、私たち夫婦を、エサを用意する器具としてしか見ていないので、抱かれるなんてことはまっぴらごめんなのである。

映画のトントにもちょっとそのケが見て取れた。それならそれでいいのだ。飼い主をバカにしつつ依存もしている猫と、猫を迷惑に思いながらも憎からず思っちゃっている飼い主、というような物語もあるだろう。しかし『ハリーとトント』はそういう話ではない。立《た》ち退《の》きにあったじいさんが猫連れて子供の家を訪ねるが歓迎されないという、小津安二郎《おづやすじろう》みたいな映画である。『東京物語《とうきょうものがたり》』みたいな映画なのである。となると、ハリーは笠智衆《りゅうちしゅう》でトントは原節子《はらせつこ》だ。強引な見立てだが。身をよじって抱かれるのをいやがるそぶりをちょっと見せるトントではダメだ。

ふつうに猫を撮る『こねこ』

ロシア映画の『こねこ』というのがあった。これは東中野《ひがしなかの》のマニアック映画館で単館上映していて、主演猫が映画館にやってくるという話もあったのだが、残念ながらその日には行けなかった（ほんとうに来たのか？）。でもわざわざ見に行った甲斐《かい》のある、「なんてことのない猫をなんてことなく映しまくる」という、良い映画だった。猫を愛する者は、「作為はいらない。猫をただ撮れ。猫なんかつまらないけど、そのつまんないところに味わいがあるのだ」と思っている。『こねこ』は「子猫が窓から落ちて迷子になって、家に戻ってくるまで」を描いていて、これはまさに『三匹荒野を行く』と同じようなものだが、ロシア映画だけに大して予算もかけておらず（偏見でしょうか）、そのせいでそんなにドラマチックな絵もなく、つまり「ふつうに猫を撮ったフィルム」みたいになっていて、よかった。ところで、ロシアには猫サーカス団というものがあるそうで、猫を飼う者にとっては「猫が人の命令をきいて芸をするなんて信じられない」のだが、この映画にもその猫サーカスの団長だか調教師だかがからんでいると聞いた。しかし、そんなに映画内で芸をしていた風もなかった。芸なんかしていないように演技していた、というのならすごいことだ。それから、この映画の少し後、ロシアの猫サーカス団が来日すると新聞の広告に載っていたので調べてみたら、『こねこ』に関わってた人でもなく、そのサーカス団でもないようで、ロシアには猫サーカス団が少なくとも二つはあるということで、やはりロシアという国を尊敬しないわけにはいかない。

フランス映画の『猫が行方不明』

それにしても、猫が出る映画といったら、猫がどっかに行ったとか、どっかから帰ってきたとか、そんな話しかないいんだろうか。フランス映画で『猫《ねこ》が行方《ゆくえ》不《ふ》明《めい》』というのもあった。

これはいかにも「フランス映画〜」というオシャレ映画で、パリの屋根裏部屋に住むアンニュイなギャルが飼ってた猫がどっかいっちゃって、という話だけど、猫はあくまで刺身のツマであり、そのオシャレギャルのオシャレっぷりを描く映画だった。ということは、カメラワークも猫に過剰な期待をしておらず、それでかえって「フッーの猫のフッーの姿」を映し出している、という利点があった。ただ、その猫が黒猫で、いかにもパリの屋根裏部屋に似合いそうなルックスなのが少々鼻白んだ。これがうちの猫みたいな、枯れたヨモギみたいなさえない毛色だったらもっとリアルでよかったのに。しかしオシャレな女のところには、なぜか小ぎれいな猫が行くんだよなあ。どういうわけか。

思い出した。この行方不明になる猫の名前が「グリグリ」というのだ。私がかねてより唱えている「グリ猫は素晴らしい」ということがここでも実証された。

大島弓子は受け入れてしまう

最近の猫映画といえばなんといっても『グーグーだって猫《ねこ》である』だろう。テレビのスポットCMの数もすごい。配給元も相当に力を入れているとみる。

これはご存じの通り、大島弓子の同タイトルのマンガが原作だ。

猫のマンガのところではこの作品について触れなかった。というのも、『グーグー』については、軽々に語るわけにはいかないと思ったからだ。

このマンガは危険である。

何が危険か。

大島弓子が猫を飼う、という話だ。しかし、いったん猫を飼い始めると、猫がそこここにいるということに気がついてしまい、そしてそういうことに気がついた人のまわりに、困った猫というのは狙いを定めて近寄ってくるのである。

近寄られてどうするか。

受け入れてしまうのだ、大島さんは。

猫にずるずると生活を浸食されていく、ということがどういうことなのかが、このマンガを見ているとものすごくよくわかってしまう。

ふつうの人間だったら、そんな状況に陥っているということを人に事細かに説明したりしない。自分の立場が危うくなるからだ。

しかし大島弓子ともなると、その恐怖の状況を、恐怖とも思わずにスルスルと描いてしまう。まるでメルヘンのように。

ええ、大島さんの家は、どうも猫屋敷状態になりつつあるようなのだ。現在進行形で。私はだらしない暮らしをしているので、子供の頃に近所にあった「猫屋敷」と呼ばれているの家のことを懐かしく思い出すし、ああいうのはいいなあと思っている。その家の前の道を通った時につーんと匂ってきた猫のおしっこの匂いも慕わしいぐらいだ。

だが、今、あの家があったら糾弾されるんだろうなと思う。「ゴミ屋敷」「犬屋敷」「猫屋敷」呼ばわりされ、アナウンサーがマイク持って押しかけて、近所の人の「迷惑です」という声を取ってくる。「どう思ってるんですか！」と、屋敷の主に詰め寄る。行政はいったい何をしてるんでしょうか、とスタジオのコメンテーターに語らせてコーナー終わる、というこういうのをなんべん見せられてきたか。

昔の猫は気ままに暮らせた

猫にとって昔と今とどっちが生きやすいんだろうか、と考えると「ちゃんとした家に飼われる猫」ならだんぜん今のほうが生きやすいだろう。猫の医療も発達しているし、猫のエサも進化している。うちのクダちゃんは、持病のてんかんの診断のために「東大病院でCTスキャンしますか」と言われた。私ですらそんなことやったこともないぞ。そして、毎日てんかんの薬を服用し、持病の尿道結石の予防のために「尿道に石がつまらないようにするためにペーハーをコントロールした療養食」を毎日食べている。その前に、細すぎて石がつまりやすいおちんちんの切除手術だって受けている。ラマちゃんは毎週一回点滴を受け、老猫の業病である腎臓病のための療養食を食べ、薬をのみ、歯槽膿漏で抜歯の手術もした。両猫とも、年に一回は血液検査をして「まだ見ぬ病気」に備えている。家から外に出ないから、よそでへんな病気をうつされてくることもないし、ノミもいない。ノミがいなくてもシャンプーしてもらう。

うちのようなだらしない家庭でさえ、この程度のことはしている。家の中はぐっちゃんぐっちゃんだが、飼い猫に家の乱雑は気にならないとみえ、気持ちよさそうに暮らしている。幸せ者よのう。

これが二十年前だったら、飼い猫のエサはニボシやカツオブシ、ごはんに味噌汁《みそしる》かけたネコマンマだ。猫にカツオブシ、とよく言うけれど猫にカツオブシやるのはいかんのだそうである。それから、塩味の濃いものをやるのもダメなんですって。味の濃いもののガンガンやってたよ……。

外出自由だからどこの馬の骨ともつかぬオス猫に妊娠させられたり、ケンカで大ケガしたり、病気うつされたりノミまみれになったり、何より車に轢かれてぺっちゃんこという危険にさらされていた。猫イラズを食べちゃって死ぬというのもある。三味線屋に捕獲される不安もあった。うちの猫なんかケンカでキズだらけで三味線に使い物にならないような皮の持ち主ではあったけれど、三味線屋が「こいつはダメだ」とその場で判断して解放してくれるとも思えないので、捕まったらほぼ死が待っている。

病気になったら、その頃だって獣医はあったから連れてったけど、「まあ、しょうがない」という気持ち半分で、それというのも猫の寿命なんて十年ぐらいだろうと思われていた。猫が病気になると死に場所を求めて出ていく、猫は自分の死んだ姿を飼い主に見せない、なんていう話をすっかり信じていた。

いやー、猫の寿命って、ここ二十年ぐらいでものすごく長くなったと思う。

長生きできる、なら幸せだろう。

そうなのか？　本当にそうなのか？

まあ、本当にそうなんだと思う。思うけど、昔の猫はもうちょっと気楽に気ままに暮らせたよなと思うのである。とくに野良猫や、飼い猫でも気ままなやつらが、生きづらくなったんじゃないか。

野良猫にエサをやれない

今、野良猫にエサをやってるのがやけに目立つ。猫のカリカリの食い散らかされたのが、駐車場や道路の植え込みなんかにあるのが目につくのだ。昔にくらべて「エサをもらっている猫が増えている」のではなくて、昔はもっとふつうに、自分ちの庭とか玄関先とかあらゆるところで猫にエサなんかやっていて、というかそのへんの猫がふつうに家に上がってきたりして、猫飼ってもいないのに家の中に猫のエサがある、とかいう状況がありましたよねえ。猫にエサやってるのが目立つ、という状況がすなわち「ふつうでは猫にエサなんかやらない」っていうことなのである。……そこまで言い切っていいかという気もするが、しかし今、野良猫にエサをやるという行為は相当に顰蹙《ひんしゅく》をかう行為になっているのは確かだ。昔はそんなことはなかった。

だから、猫好きな人は、外にいる猫にエサをやる時は、ものすごく気を遣って、野良猫が子猫生んだら貰い手のある子猫のうちに里親をさがしてやり、親猫は必死で捕まえて動物病院に連れてって避妊手術をしてから放す、ということをしなければ、ただちに批判されるのである。それは、猫好きな人たちからまず真っ先に批判される。「猫好きは、自分の猫をちゃんと飼い、軽い気持ちでエサをやって野良猫を増やさないように細心の注意を払っている」と主張したいからだ。

そりゃ確かにそうだ。私もそれに同意する。そのほうがいいに決まっている。正論です。

しかしなあ。

なんだかそれって、「女が社会で男と対等にやっていくためには、男以上の働きをするべきである」とかいってオフィスをカッカッ歩きまわる超コンサバ大企業総合職女エリート、みたいな思考ではなかろうか（話が飛躍しすぎているという気もする）。

もっと猫というものの存在がゆるゆると許されてた頃のことを考えると、今の時代、猫がほんとに生きやすいのか……と、つい考えたりしちゃうわけだ。二十年ぐらい前から、「よその猫がうちの庭にきてフンをする。迷惑だ」というような話が声高に言われはじめて、私などは「へ？ 庭？ だって土でしょ。庭の地面掘り返したら猫のフンなんかふつうに埋まっているものなのでは？ 生ゴミだって庭に埋めるでしょ」なんて思って、怒る人の気持ちがさっぱり理解できなかった。こんな人間が、昭和四十年代ぐらいまではふつうだったんではなかろうか。私はいまだにそんなんだが。

そのせいか、文明が進歩し、人々の生活も向上し、猫の住環境も向上し寿命も延び、その幸福を甘受しつつ、「猫がそのへんうろうろしながら、お魚くわえて逃げ出したりすることがふつう」の生活を「よりよいもの」だと思っている。思ってるけど、そういう思想を前面に押し出すと、暮らしづらくなるから黙っているのだ。こんな私にも分別というものはある。

「困った猫おばさん」

そこで大島弓子だ。

『グーグーだって猫である』を読んでいると、大島さんが私と同じ思想を持っていることがわかる。

この人は、有名なマンガ家だということでみんな目がくらんでいるのかもしれないが、やってることは「今どき、めいわくな猫おばさん」だ。家の猫を外に出して飼う。野良猫に餌付《えづ》けをする。野良タヌキにも餌付けをする。庭に猫小屋をつくる。いつのまにか家には十匹を超える猫が住みつく。飼うというよりも棲まれてしまう。

有名マンガ家で金もそこそこあるからまだカタストロフはやってきていないが、これ、わが家がやってたらもう家庭崩壊家屋崩壊は必至である。というか、今もすでに世間的には崩壊してるのかもしれないが。

念のために言っておくと、私は大島弓子を責めるつもりはない。三十年前だったらこういう一人暮らしの初老のおばさんというのは地域の中にふつうにいたし、別に指弾されることもなかったし、私はその時代を懐かしんでいるわけだから。

しかし、今のご時世では大島さんは「困った猫おばさん」だ。大島弓子だから、テレビが家まで押しかけたりすることもないけれど。浮世離れした少女が「困った猫おばさんになっていく」という、そういう物語なのが『グーグーだって猫である』であって、ほのぼの猫マンガなどでは断じてない。

小泉今日子はちがうだろう

それが小泉今日子《こいずみきょうこ》だと。

ちがうだろう。なんか小ジャレて「きれいに年とった中年女」のマンガ家が可愛い猫とほっこり暮らす、みたいな映画にされては、『グーグー』の見どころはすべてぶちこわしである。小泉今日子のアシスタントが上野《うえの》樹里《じゅり》だって？　えええ？　なんなのその小ぎれいなマンガ家生活。

小泉今日子といえば、『子猫物語』にも声の出演をしていたことを思い出した。まあ、『子猫物語』ぐらいならいくら出演してくれたっていいが、猫好きが息を詰めて注視する『グーグー』の映画化でまさか主役に居直ろうとは。映画のピーアールなんだかやたらテレビに出たり雑誌に出たりもしていて、四十過ぎの女を自然に演じるとかなんとかゴタクをさんざん聞かされてうんざりした。いやーこういう「自然に年をとりたい」とかいうタイプの女は、「コレはオイシイ」と見たらまるでブルドーザーで花壇をひっくりかえすようなパワーでそれを獲得にかかる。

いや、小泉今日子のことはもういい。小泉今日子が『グーグー』で大島弓子（役名は小《こ》島麻子《じまあさこ》だが。またこの役名もイヤな感じにあざとい）を演じたことについては「ダメ」だと言ってるばかりじゃ相手にされまい。

ここは対案を提出すべきだ。小泉今日子じゃなかったら誰がやるべきか、誰もが納得のいくキャストを出せば、いずれ誰かがそのキャスティングで再映画化してくれるかもしれないではないか。

代替キャストは考えてある。

中森明菜《なかもりあきな》。

どうですか。中森明菜なら、ずるずると猫にエサをやり家の中も家の外も猫屋敷と化し、近所にうっすらと迷惑をかけながらも、近所の人は明菜の発するただならぬ「猫に棲みつかれてしまったオーラ」が怖ろしくて何も言えず、明菜はただひとり猫の群れに囲まれて魔女のように暮らす。

……と、『グーグー』を映画にするならこっちの方向ではないですか。と、私は強く主張したい。いやまあ、これはこれで、原作にあったあのもやもやした微妙に居心地のいい空気を無視した「現実がいちばんのホラー」みたいな映画になってしまうかもしれませんが。しかし、小泉今日子の『グーグー』よりはずっと、中森明菜の『グーグー』のほうが原作の空気を表現できるはずなので、私はそっちを見たかった。

第五章

村上春樹の猫

猫を見つけてしまう人

村上春樹の猫話……と思って本棚から村上春樹の本を取り出す。

村上春樹のエッセイが好きで、それというのもエッセイの中に猫話がいっぱい出てくるからだ。

村上春樹は、ふつうに歩いたり走ったりしているだけで、きっと猫を見つけてしまう人なのだろう。見つけて、そして猫について何らかの何かを考えるのだろう。先を急がなくてはならない道で、猫を見つけて立ち止まり、チッチッチッと呼んでみて、近寄ろうとすると逃げる気配を見せる猫に「大丈夫大丈夫」と手で制すると、人間不信の野良猫でもそのことはわかってあらためて座り直したりしているので、猫はどの程度、人間の気持ちを解するのだろうか、などとぼんやり考えて五分や十分はあっというまにムダにしてしまう。だが、そのことで「時間をソンした」とも思わないし「猫のことを考えて有意義な時間だった」とも思わない。息してるようなもんだから、猫にかかずらうことは。猫に取り憑かれた人間としては当然のことなのだが、そうでない人には「なんで猫のことなんか考えるんだ」というようなものだろう。そしてたぶん、猫に取り憑かれていない人は、村上春樹のエッセイを読んでも、猫について書いてあることを「スルスルスル〜」と読んでそれほど心に残さないのであろう。道を歩いている猫を見ても、ブロック塀見てるのと同じような「ただの景色」だと思うように（というのは猫に興味のない人の心を想像して書いている）。

で、ここで「村上春樹がいかに猫に取り憑かれて、猫のことをよくわかっているか」ということが一読してわかる文章の例を挙げよう。……と思ってその本を探そうとしても、整理が悪いから書棚に目当ての本などない。「アメリカで暮らしている時の、隣の家にいたさえない猫のことを書いたエッセイ」が入っている本と、「猫と一緒にとろとろとまどろんでいたら、その猫が寝言で〝だってそんなこと言ったって〟と、日本語で確かに言った、というエッセイ」が入った本を見たかった。でもいくら探してもない。村上春樹がそういうエッセイを書いたのは間違いないし、そのエッセイを含む本が家の中のどこかにあることは間違いない。風呂場で読んだりトイレで読んだり寝床で読んだりいつでも読んでたのに、肝心な時になると役に立たない、というのはまるで猫のようである。

日本における猫観への違和感

ないものはしょうがないので、目当てではない村上春樹のエッセイを、目についたものから出してきて、ぱらぱらとめくっただけですぐに猫話が出てくる。たとえば、『遠《とお》い太《たい》鼓《こ》』というイタリア滞在記。頭からぱらぱらと読みながら猫が出てくるとページの端っこを折っていったら、猫が出てくるところは連続で出続けるので折るのもめんどくさくなってくる、ぐらい猫が出る。ごくふつうに。ことさらに何かを述べる、というようなふうでなく。シーズン・オフのギリシアの観光地にあるだだっぴろい、学校の講堂みたいな、客の入ってない映画館でカンフー映画を観ていると、スクリーンの前を巨大な黒猫がゆっくり横切り、しばらくしてまたゆっくり横切って帰る、というような話がごくたんたんと書かれる。

しかし、ノーベル文学賞を取るか、というほどの作家なので、読んでいてはっとなるようなこともちゃんと書いてある。以下のような一節だ。

「あくまで原則的には——ということになるが、ギリシャ人たちは猫たちに対してかなり寛容であり、時には親切であったりもする。僕の家の前にはちょっとした空地があって近所の猫の集会場のようになっているのだが、ここにはしょっちゅう残飯が置かれ、猫たちが集まってそれをいかにも大事そうにもぐもぐと食べている。近所の人たちがみんな残飯をわざわざそこまで持ってきて、新聞紙の上にあけていくわけである。魚やら肉やら煮ものやら何が何か見当もつかないものやらが、まるで年の暮の社会鍋みたいなかんじでそこに運ばれてくる。これは最初のうち、僕の目にはかなり奇妙な光景にうつった。何故なら日本ではこういうのはまずあり得ないからだ。そんなことしたら『あそこの奥さんは野良猫に餌をやっている。迷惑だ。そんなことするから近所にますます野良猫が増えて云々』とうしろ指をさされるか文句を言われるのがおちだろう。そのかわり自分の家で飼っている猫は猫かわいがりする。でもギリシャ人はそうではない。ギリシャ人は特殊な猫を別にすれば、あまり猫をペットとしては可愛がらない。僕の見た限りでは、べつにいじめはしないけれど、そのかわりとくに可愛がりもしない。彼らは猫たちをただ単にそこに存在している、そこに生きているものとして見なしているように僕には思える。鳥や草や花や蜂と同じように、猫たちもまた『世界』を形成するひとつの存在なのだ」

これは……。

私がこの本でぐだぐだと書いてきた、というかこれだけぐだぐだ書いてまだぜんぜん書ききれていない、と思っていたことがここに書いてあることですべて表現されているではないか。私が最近感じていた、日本における猫観への違和感みたいなものが、私が思うよりもずっと前に、さらっと書かれちゃっている。村上春樹はさすがだなあ。しかし、村上春樹の猫観についてのみ取り上げて論じられるようなこともなかったと思うので、まあこの本にも多少は意味があると考えなければやってられない。

楽しい猫話

もちろん、村上さんは現代日本人に突きつけられる猫観、だけを書くようなヤボな人ではないので、「楽しい猫話」もごろごろと出てくる。

「さて、ひとくちにギリシャの島の猫といっても、島によってそこに住む猫の島民性（ということばを用語上つかわせて下さい）も少しずつ違ってくる」

なんていうのは、猫に取り憑かれた者としてはドキドキするような話だ。何がどう違うのか説明は難しいが、「どことなく」違う、なんていうのが、とくに。

メジャー有名観光地の島の猫は、きれいで毛並みもよく傷ついておらず愛想もいいが、村上さんが住んでいたオフシーズンマイナー観光島の猫は、

「呼んだってまず来ないし、撫でようとするととんで逃げる」

「おまけにここの猫ときたら、傷のない猫を探すのに苦労するくらい見事に傷だらけである」

「この島の猫は喧嘩となると、まず爪で相手の鼻柱を狙うらしいのだ。だからどいつもこいつも木炭でゴリゴリとこすられたみたいに鼻のあたりがまっ黒で、これはもうみっともないったらない。さすがの猫好きの僕もこれには参った。なにしろあっちにもこっちにも大宮デンスケ（古いね）みたいな顔をした猫がごろごろしているわけである」

「僕は一度両耳がほとんど嚙みきられてなくなった巨大な黒猫を夕暮の浜辺で見かけたことがあるが、正直言ってこれはもはや猫には見えなかった。腐肉をあさりに海から出てきた泥の中に住む不吉な有足魚のように見えた」

　という有様で、しかしこれを読んで「猫ってイヤだなあ」と思うかというとそんなことはなく、「猫ってしょうがないよな。でも猫だしな」という、生ぬるいアキラメの気持ちがちょろちょろと湧いて、やがて鎮まる。そうなのだ、猫とつき合って、こういうことともつき合うってことなのだ。

あたり猫とスカ猫

私が「もう聞いたよ」とウンザリされても繰り返し言いまくっている（この本の中でもなんべん書いたかもうわからないほどだ。私にとってそれはもう生きていくための空気のように、当然の存在である）「あたり猫とスカ猫」という思想（思想、と言い切ってもいいと思う。あるいは箴言か）も、村上春樹がエッセイで発表したものだ。

これは『村上朝日堂《むらかみあさひどう》』というエッセイ集に出てきた。違う本に載ってると思いこんで探していた本がなかったから諦めて、『遠い太鼓』と一緒に出てきた『村上朝日堂』を仕方なく読んでいたら出てきた。この「突然、見つかる」というあたりも猫的である。

「あたり猫とスカ猫」の思想がいかに素晴らしいかということは、……猫を飼うという現実に向き合っている人にはとてもよくわかるだろう。猫好きを標榜し、猫を飼っていても、現実を見ようとしない人というのは多い。猫は可愛いだけではない。やっかいで、うんざりするような存在である。

スカ猫。

ああ、わかる。わかりすぎるほどわかる。

「これはかりは飼ってみなくてはわからない。外見では絶対にわからない。血統もあてにならない。とにかく何週間か飼ってみて『うん、これはあたり』とか『参ったね、スカだよ』というのがやっとわかるのである。

これが時計だったら買い換えることもできる。しかし猫の場合はそれがスカだったからといってどこかに捨てて、あたりに買い換えるというわけにはいかない。これが猫を飼う時の問題点である。スカとはスカなりになんとかうまくやっていかなければならない」

ああ、胸に迫ってくるほどよくわかる。

村上春樹は「あたりの猫にめぐりあう確率はどれくらいかというと、僕の長い猫経験からしてだいたい三・五匹から四匹につき一匹というくらいの確率ではないか」と書いている。私の長い経験と実感だと、そこまでいかない。それは村上さんが打率十傑に入るぐらいのバッターだからで、私などは二軍でも二割ちょっとしか打てない駄選手なので、わが家にやってきた「当たり猫」は一匹だけだ。たった一本の安打だけで引退する可能性は高い。その一匹だって、私としては右中間を抜く二塁打ぐらいに高く評価しているけれど、村上さんが鑑定したら「スカ」に属するかもしれない。ボテボテの内野安打ぐらいの。

かびパンを美味しそうに食べる猫

『雨天炎天《うてんえんてん》』という旅行記がある。『遠い太鼓』と一緒に本棚につっこんであった本だ。村上春樹がギリシアにあるギリシア正教の聖地であるアトス島という女人禁制の島をめぐる話である。泊まるところは島内の修道院だ。きれいでごはんも美味しい、親切な修道士のいる修道院もあるが、およそ人を泊めるとは思えないようなひどい（村上春樹に言わせると〝ダイハードな〟）修道院もある。

旅の最後に泊まったのが、身の毛もよだつようなひどい修道院で、バケモノじみた修道士が出してくれる食事というのが、カビだらけのカチカチのパンを水でふやけさせたものと、冷めた豆のスープにどくどくと酢をいれたものという、まずいものに美味しさを感じる私のような者でも「カンベンしてほしいかも」と思うような食事で、他に食べるものがない村上さんはしょうがなくそれを食べざるをえない。

そのダイハード修道院には猫が棲みついている。バケモノ修道士の足にごろごろとすり寄る。バケモノ修道士は、かびパンを豆スープにつっこんだものをエサとして猫に与えると、なんということだ、それを実に美味しそうにぴちゃぴちゃと食べるではないか。

村上春樹もびっくりしてるが読んでるこっちもびっくりした。カビのはえたパンを豆スープにつっこんだものをうれしそうに食べる猫なんてものがこの世にいたとは。「猫は知らないのだ。山をいくつか越えると、そこにはキャット・フードなるものが存在し、それはカツオ味とビーフ味とチキン味に分かれ、グルメ・スペシアル缶なんてものまであるのだということを」

うちの猫も、今は老いぼれて何をやっても喜んで食べるが、若い頃は安物の猫缶なんかクンクンかいで走ってその場を立ち去ったりしたものである。

かびパンを食べる猫を見ながら村上さんは考える。

「きっと猫は『おいしいなあ、今日も黴パンが食べられて幸せだなあ。生きててよかったなあ』と思いながら、黴パンを食べているのだ」

と。

この描写に、猫のバカさみたいなものと、バカゆえの不憫な可愛さみたいなものがすべて表現されつくしている。同時に、私が「当たり」だと思っている猫のウラリ（という名前の黒猫）も、この修道院の猫にとってのかびパンみたいなものなんじゃないかと……。

いや、まあそれはいい。『雨天炎天』はギリシアのアトス島だけでなく、トルコの旅行記も載っている。そちらでは「ヴァン猫」のことが書かれている。

「旅行好きの猫」と「風呂好きの猫」

猫を飼う者ならば、必ず憧《あこが》れる猫というのがある。

それは、旅行好きの猫と、風呂好きの猫だ。

旅行好きの猫が飼いたい、と書いたのも村上春樹だったことを思い出した。すごいなあ村上春樹。私はそれを読んで「そうだ、私も旅行好きな猫を欲しかったんだ」ということに気づかせてもらったのだった。

旅行好きな猫を飼ったらどんなに楽しいか。

海外旅行にも連れていく。飛行機のミールサービスで、猫のために「ミルクを室温で」と頼んでやって、足元で静かにミルクをなめる猫……なんていう情景が描かれていたのを思い出す。

夢のようである。猫と一緒にそんな旅行ができたらどんなにいいだろう。

散歩に行こうとしたら、肩にぽんと飛び乗って、大人しく景色を見ている。猫の重みと体温が肩に心地よい。

……そんなことは机上の空論だ！

そもそもうちの猫はじっと抱かれていることすらほとんどない。抱き上げるとのけぞって逃れる。

百歩譲って、猫が心を入れ替え大人しく抱かれている猫になったとしよう。それでも問題は山積だ。猫を肩に載せたらどうなるか。うちの猫の、重いほうは体重七キロだ。七キロの、固太りでグミグミとした感触の生き物を片方の肩に載せていったいどれだけ歩けるというのか。試しに、五キロ入りの米の袋を肩に載せて歩いてみたところ、五分も保たなかった。ガンガン頭痛がしてきて、わーっと叫んで米袋を放り投げそうになった。

私は肩幅が広いほうだけれど、そんな広い肩幅でも、紡錘形に固太りした生き物が乗るには安定が悪い。必然、ずり落ちそうになる。そうなったらどうなる。猫はずり落ちまいとしてつかまるのである。私の肩とか首に。どうやってつかまる。爪《つめ》でつかまるのである。

七キロの重さが爪にかかるのだ。

流血の事態だ。頸動脈《けいどうみゃく》に爪が達するかもしれない。そうなったらただではすまされない。猫を散歩に連れていこうとしたばかりに、死ぬということも考えられる。

猫の体温は高い

百歩譲って、うちの七キロ猫が肩の上にすいつくように安定して乗ってくれたとしよう。ちょっとだけ猫を肩に載せたことのある人ならわかると思うけれど、肩に猫が大人しく乗っていると、ふかふかしてぽかぽかして、幸せな気持ちになれる。

なれるのだが。

猫の体温というのは、思いのほか高い。

夜、寝る時に、猫がお腹の上に丸くなるようなことがある。みぞおちに七キロはきつい、というのもあるけれど、時間がたつとがまんできなくなるのが、その「熱さ」だ。最初はぽかぽかして心地よい気がするが、やがて猫の体温がぽっぽぽっぽとこたえてくる。激烈な熱さとかいうものではなくて、このままでは低温ヤケドになるんじゃないか、というような熱さなのだ。

うちの、軽いほうの猫は、ミイラのようにガリガリで二キロぐらいしかない。そっちなら肩に載せても大丈夫かというと、体温はさらに高くて低温ヤケドになるし、歯槽膿漏と口内炎のくさいよだれが顔になすりつけられる。おまけに耳が遠く認知症も併発しているようで、ものすごい腹式呼吸の大声量で鳴く。こちらの耳直撃である。思わず肩の猫をはらい落としかねない。ふつうの猫なら肩の高さから落っこちたって見事着地を決めるだろうが、ミイラ猫ラマちゃんは二十二歳の老猫で頭から墜落するかもしれず、そうなるとそれで死んでしまうかもしれない。はずみとはいえ、いやはずみだからこそ、そんなことで殺してしまったとなるとものすごく冥加《みょうが》が悪い。何年たってもふっと思い出してうなされそうだ。そんなことはしたくない。

猫というのは、旅行にはむいていない。猫をキャリーバッグに入れて運ぶということの困難、は猫を飼っている人なら誰でもわかってくれるだろう。予防注射とかで近所の獣医に連れていくさえタイヘンなことになるのに、それが旅行だなんて。注射とちがって楽しい旅行だよ、なんて説明したってわかろうともしない。想像しただけでぞっとする。

村上さんも長いこと猫を飼って、旅行好きな猫なんか一匹も当たらなかったと言っていた。当たらなかっただけに当たりへの渇望は深い。うちなんかよりずっと高打率で「当たり猫」を引き寄せる村上春樹も、こと「旅行猫」については当たりに恵まれないようで、神様は平等なんだなと安心する。しかしうちの場合、「当たり猫」の打率は低迷し、「旅行猫」もまだノーヒット。常にダメという猫ダメ生活であることを考えると、神様はわが家を見捨てているってことか。

まあそれはいい。猫神様に見捨てられて駄目猫ばかりがやってきたって、目の前にやってきたらそいつが死ぬまでつき合うしかないというのが、猫飼いの宿命だ。

話がそれてしまったけれど、旅行猫というものはそれほど「望んでも手に入らない」ものなのです。

クダちゃんは拭かれるのが嫌い

同じように「水に浸かるのが好きな猫」というのも手に入らない。

猫は風呂に入るのが嫌いだ。

猫を洗う時というのは大きな困難を伴う。猫は濡れるのが大嫌いだからだ。猫をシャンプーする時の騒動は、猫飼いの者ならみんな悩まされている。

私の知人で「猫と一緒に風呂に入る」という人がいる。「一緒に湯舟に入る」というので「そりゃすごい」と思って聞いてみると、湯舟に入っている時の猫はほとんど硬直して瞳孔も開いているような感じで、単に「反撃できないタイプの猫を虐待している」というのに近いものだった。

うちのクダちゃんは、沖縄の島出身だけあって、シャワーは嫌いではない。風呂場に連れていってシャワーをシャーと浴びせる。栄養が良くて毛並みもツヤッツヤで、シャワーのお湯をかけても最初は玉になってはじいてしまうぐらいなのだが、しばらくお湯を浴びせているうちにぐしょぐしょに濡れる。

猫は何より濡れるのが嫌いだと言われているのにクダちゃんのこの動じなさはどうだ。わが家もついに、当たりを引いたのか。

しかしクダちゃんは、濡れるのと、シャンプーするのはいいが、シャワーが終わって拭《ふ》くのが「ものすごく嫌い」で、低い声で「ウウウウウウウ」とうなりながら目を据わらせるので恐怖の極である。かといって濡れたまま風呂を上がらせてしまうと、濡れた体に家中の綿ボコリを吸いつけて歩くことになり、シャンプーをした意味が何もなくなる。猫の体に綿ボコリがくっついてくれれば、猫がきたなくなっても家の中はきれいになる、と最初考えたんだけれど、猫につききらなかった綿ボコリが濡れてそのへんにへばりついたりして家の中はますます酸鼻を極めたようなことになるのでだめだ。当たったかな、と思わせて実態ははずれ、ということです。そんなものです、うちの猫なんて。

泳ぐ猫

村上春樹がトルコに旅行にいってぜひ見たかったものの一つに「ヴァン猫」がいる。これはトルコのヴァンという町にいる猫で、白くて長い毛並みを持ち、左右の目の色が金色（黄色）と銀色（ブルー）の、いわゆるオッドアイというやつで、何よりの特徴は水に入ってガンガン泳ぐのである。

泳ぐ猫！

ヴァン猫というものがいるということは話に聞いて知っていたが、それは「むかしトルコのヴァンの町のヴァン湖に一匹の泳ぐ猫がおりました」みたいなものだと思っていた。だって、猫がどぼんと水に飛びこんでガンガン泳ぐなんてにわかに信じられる話ではない。

しかし、岩合光昭の猫の写真集を見ていたら、白くて左右の目が金色銀色の猫が、まるで平泳ぎのように水面から顔だけあげてぐいぐいとこちらに向かって泳いでくるのを撮った一枚があり、思わず買ってしまった。

その猫はいかにも気持ちよさそうに、しかし何かをなしえたという達成感もこもった、素晴らしく凛々《りり》しい顔をして泳いでおり、猫好きとしては「こういう猫こそ当たり猫」だろうと感じ入ってしまった。

村上春樹はヴァンの町でヴァン猫を見たいと思う。ヴァンの町の売りはヴァン猫とヴァン湖しかないようなもので、ホテルに貼ってあるヴァン猫のポスターを見ていたら、ホテルのフロント男に「ヴァン猫を見たいか」と訊《き》かれて「見たい」と答え、フロント男に案内されてフロント男の親戚のところに連れていかれる。

その親戚の家は絨毯屋《じゅうたんや》で、村上春樹が後に悟ったところによると絨毯屋は客寄せのためにヴァン猫を飼っていて、猫につられて客が来ると絨毯を買わせるという仕組みになっている。

しかしそれは、外にカワイコちゃんの写真を出しておいて入ってみたらトドみたいなオバサンが出てくる風俗、のようなダマしの商法ではない。ある意味、プリミティブな客寄せ方法だ。

村上さんもその絨毯屋に対してそれほど悪い気持ちも抱かずに、絨毯を買ったりしていた。私もヴァンにいったら、ヴァン猫見たさに絨毯屋に行き、玄関マットぐらいは気持ちよく買うと思う。

で、その絨毯屋のヴァン猫はというと、外に出かけていていない。チャイを飲みながら店の人と村上さんたちは猫を待っていて、大の男が猫の帰りを待つのも間が抜けているなあと思ってその時間につい絨毯を見て買っちゃったわけだが、やがて戻ってきた猫は確かに白くて毛がふさふさしていて金目銀目で可愛い。泳ぐのかきくと「泳ぎます、そりゃもう」と答えられる。猫を水に放り込むわけにいかないからもしかしたらそれはウソなのかもしれないが、でもしょうがないから信じるしかない。

結局、村上春樹は見た目はヴァン猫の特徴を備えているが泳いでいるわけではない猫をヴァンの町で見た、というだけで終わる。このヴァン猫の件《くだり》は、いつもクールな村上春樹の筆致の中でも、やけにそっけない。でも冷たいというわけではなくて、何か半笑いの諦めのようなものが底に流れている。猫についてマジメに考えるとそういうふうになるのだ。村上さんは猫についてマジメに考えている。多くの人は猫についてマジメに考えることなどない。ノーベル賞の候補になるほどの日本の作家が、こうして猫についてマジメに考えてくれるというのは、日本にとってとても幸運なことなのだ。日本にとって役には立たないかもしれないが。というか役になんか立ちやしないだろうが。

緒形拳は猫を知らない

猫についてマジメに考えない、ということを最近もっとも実感したのが、緒形拳《おがたけん》の死去のニュースだ。

緒形拳が亡くなって、その、人としても役者としても素晴らしい人柄が惜しまれた。私としてはどうも、その死後にわらわらという感じで出てきた「緒形拳の自筆の手紙」なんかを見せられて、何かの礼状で大きな紙にいかにもな味のあるでかい筆文字で「ありがとう」の五文字、なんてのを見ると「相田《あいだ》みつを系の絵手紙趣味人」であるように見受けられ、(亡くなった人であるしこういう時こそ讃《たた》えてさしあげるべきなのだろうと思いつつも）素直に讃える気持ちにいまひとつなれないなあと思っていたところ、朝のワイドショーで「故人の思い出を語る」のに安藤和津《あんどうかづ》が出てきて「奥田瑛二《おくだえいじ》が監督した作品に緒形拳が出た時の奥田の監督ぶりと緒形の役者ぶり」などを熱く語っているのをきいてますます微妙な気分になり、そういえば日航機墜落事故で坂本九《さかもときゆう》が亡くなった時に永六輔《えいろくすけ》が書いた弔辞は、坂本九の『上を向いて歩こう』の歌い方に違和感をおぼえたというところから始まっていて、弔辞であるにもかかわらずいいことばかりを書かなかった永六輔を山口瞳《やまぐちひとみ》がほめていた、ということを思い出し、亡くなったといっても違和感は違和感として言ってもいいのかもしれない、という気持ちになっていたところで、なんとしても看過しえない発言が出た。

誰だか忘れたが、緒形拳と同年配の俳優が語った思い出話である。

「緒形さんは猫のように死にたい、と言っていた」

これを聞いた瞬間、「いくら死にたての人であっても、批判すべきことは批判しなくてはならない」と心に決めた。「緒形さん、あなたそれは間違っている」

これは、その俳優が思い出を語っているわけで、もしかすると緒形拳はそういうことを語っていないかもしれない。確かめたわけじゃないので、いちおうそう前置きをしておきますが、

「猫のように死にたい」

ってのは、そりゃ猫のことを知らないからそんなこと言えるんですよ。

「猫のように死ぬ」というのは、死期を悟ったら静かに人目を避けて誰にも見られないところに行き、枯れ葉が落ちるように息を引き取る……というようなイメージだろうと思う。そういえば「猫は自分の死ぬ姿を飼い主に見せない」とか言われている。

死期をさとる猫は少ない

そんなことはない。ずっと猫を飼って、何匹も死なせているが（好きで死なせているわ

けではないが)、みんな目の前で死んだ。飼い猫だけではない。道を歩いていて猫の死体など山ほど見ている。「カラスの死骸はなぜ見あたらないのか」とかいう本があったような気がするが、そういう意味でいえば「猫の死体はよく見る。見たくないだけに見つけてしまう」。

猫の死は悲惨である。事故にしても病気にしても老衰にしても、死ぬ時というのはものすごく悲惨だ。「眠るように息を引き取る」という言葉があるぐらいだから実際に眠るように死ぬこともあるのかもしれない。しかし私の飼ってた猫はどれもそうはいかなかった。百歳を目前にして死んだ私のおばあちゃんも、老衰という以外何物でもない死因であったが、いまわの際の苦しみようは「死ぬんじゃないか」というほどの凄さだったそうだ。たまたまおばあちゃんの死ぬ瞬間を見たのはうちの母ひとりで、母はおばあちゃんとは嫁《よめ》姑《しゅうとめ》の折り合いが悪かったので「最後まであんなものを見せられてしまった。おばあちゃんは死ぬまでイヤガラセを忘れない人だった」と言っていた。それぐらい、死ぬというのはすごいことだ。私は幸い、人の死ぬ瞬間を見たことはない。でも猫のは何匹もある。そして猫の死に際は悲惨だ。

そもそも、死期をさとって身を隠すって、どこかに身を隠すというほどの元気はない。

というよりも死期をさとるような猫は少ない。

猫のように死にたい、などというのは、猫の死にちゃんと向き合っていない人間のセリフである。猫の死に向き合わない人間は、自分の死にも向き合えない人間である。……まあそこまで言わなくてもいいかもしれませんが、仮に猫のように死にたいという猫が、幻想の「死期をさとって身を隠し静かに死ぬ」だとしても、人間にそういう死に方は不可能であり、もしそういう死に方をしたら「緒形拳行方不明」「緒形拳変死体発見」などと大騒ぎになることは必定であり、そんなことはちょっと考えればわかることだ。そんなことはわかった上でメルヘンを追求する、っていう意味だったんだろうか。そうではないだろう。もっと禅味とかワビサビとか自然体とかそんなものに甘っちょろく憧れていた、としか思えないのだ、「猫のように死にたい」なんていうのは。

村上春樹なら「猫のように死にたい」なんてことは言わないし、もし言ったとしてもそれは「死期をさとって身を隠し云々」なんてことではなく、「猫のように最後まで苦しみながら、死ぬなんてことを考えもしないで死んでいく」ということだろう。緒形拳も、死んでまで、ほんとに言ったかどうかもわからないことで「村上春樹ならそんなことは言わない」なんて批判されるとは思わなかっただろう。村上さんも緒形拳批判に引き合いに出されるとは思いもよらなかったか。

「猫のように光る瞳」とか「猫のように気まぐれ」とか

いや、それだけ、村上春樹の猫とのつきあい方は、猫を知る者としてしみじみ「地に足がついている」「猫の良さもイヤさもほんとによくわかっている」と感心できるのだ。

猫って身近で、メジャーな動物で、やたら比喩《ひゆ》としても出てくる割りには、ちゃんとその実態がとらえられていないという不満があるのだ。

「猫のように光る瞳」

とか言われるとちゃんちゃらおかしいと思う。うちの猫は、ラマちゃんはのべつまくなしに目を光らせていて、クダちゃんは何があっても目が光らない。クダちゃんの目が光らないというのは、今まで飼った猫で見たことのない症状で、とにかく「瞳孔が開きっぱなし」みたいでブキミでしょうがない。でもまあそれは「猫のように光らない瞳」という形容詞がないからここでは問題にしない。

問題は「光る瞳」のほうだ。

猫を飼っている人なら知っているだろう。猫の目の光り方。

暗がりで蛍光塗料のように光る。

慣れてるから「あ、ラマちゃんの目が光ってら〜」などと言っているが、よくよく見ればとても気持ちの悪い、蛍光クラゲとか蛍光キノコみたいな、心のある生き物とはかけ離れた光り方なのだ。

しかるに、よく小説とかに出てくる「猫のように光る瞳の女」。もしそれがほんとうに猫のように光るのだったら、そのことについてもっと描写がされ、その光ることによって小説の一本も書けてしまうぐらいの重大事だ。

しかしそんな重大事ではなく、単に「おっぱいが大きい」「小股《こまた》が切れ上がった」「色気がある」などと同列に並ぶ、つまらない形容詞にすぎない。きっと、目がでかくて、いつも瞳が濡れてて、電灯とかで反射して光る、ということが言いたいのだろう。

それならそう書いてほしい。「猫のように光る瞳」というのは、そういうものではない。もっと、なんとも、すごいものだ。

「猫が好き、気まぐれなところが」

というのもよく聞かれる台詞だ。

これを聞くと私はもう「けっ」と吐き捨てたくなってしまう。

猫は気まぐれ、と言われる。きっと、犬に比べての話だろう。犬は買い物に行ったりするし（といいつつ、買い物に行く犬、というのはサザエさんの中でしか見たことがない）ボールを投げりゃくわえて持ってくるし、飼い主に忠実、それに比べて猫は自分のやりたいことしかしない、と言いたいんだろう。

そうなのだろうか。

実家で犬を飼っていて、その犬はうちの猫よりもバカで自分勝手だった。自分の好きなように寝て起きてエサ要求して吠えていた。この図体《ずうたい》のでかい、すごくジャマな感じは、確かに「猫のように気まぐれな女」という時に私が思い浮かべるイヤな感じと似ている。しかし実際の姿は「猫のように気まぐれ」なのではなくて「（ある種の）犬のようなバカさ」なのだ。

うちの猫も、飼い主に忠実でないということでは猫らしい猫なのかもしれないが、忠実でないからといって気まぐれということはない。ラマちゃんもクダちゃんも、はっきりと一日のスケジュールが決まっていて、行動はほとんど変わらない。エサをねだるか寝ているかフンをするかぐらいだけれど、ほぼ毎日、きちんと時間通りにそれらを励行している。

そして、何よりも、猫というのは、けっこう気弱で、飼い主の顔色を見て暮らしているようなところがある。

飼い主が気前よくエサをくれるといいなあ……とか飼い主がトイレの砂を替えてくれるといいなあ……とか、上目遣いにじっとりと願っている、ことがわかるのである。エサが欲しい時なんかは、きっと自分はそれが可愛いと思ってるんだろうなあ、というようなポーズと声で、アピールしてくる、こともある。犬は媚びるからイヤ、猫は媚びないから好き、というのも猫は気まぐれと同工異曲な言い草で、猫を飼ってれば「猫もちゃんと媚びますよ」ということはわかるはずだ。まあ、猫の場合、常に媚びるんじゃないけれど（どういう時に媚びてくるのか、というのは見ていてもよくわからない。謎《なぞ》です）、犬だって常に媚びてくるわけではない。その点、同じことである。

猫のように光る瞳とか、猫のように気まぐれとか、こんな言い回し二つ取ったって、すでにして猫の実態からは遠く離れてしまっている。

第六章
猫の品格と人の品格

路上カラオケ界隈

無法路上カラオケで有名だった天王寺《てんのうじ》動物園の横の道。

動物園に来た親子連れの母親なんかがテレビのマイクに向かって「子供たちも通る道なのですから」とかいって眉《まゆ》をひそめたりしていて、あの路上カラオケ通りが好きだった私は「またこうやって、路上のいいものが消されていく」と悲しい思いをしたものだ。

あの路上カラオケの、おっさんが長襦袢《ながじゅばん》羽織って演歌であてぶりしてる様というのは、ちょっと異次元に迷いこんだような素晴らしい空間だったのだが、それだけではない。あの路上カラオケのあたりというのは、素晴らしい猫がいっぱいいたのだ。

そもそも、あのあたりは「犬天国」とでもいいたいような地域で、天王寺公園西側や、南海電車の萩《はぎ》ノ茶屋《ちゃや》という、いわゆる愛隣《あいりん》地区の最寄りである駅の周辺には、うろうろと犬がいる。

ある時、萩ノ茶屋駅を降りて駅前の商店街を歩いていたら、でかいぶちの犬（もちろん放し飼い、というか飼われてるのかどうかも不明）が三十センチぐらいの間隔でぴったりと後ろにくっついてきたので怖い思いをした。

が、何回かこの道を歩き、そのたびにでかい犬（それぞれ別犬）にくっついて歩かれてみると、こっちがふつうにしていれば別に何の悪さもするわけではない。放し飼いというか放たれた犬は、つながれて歩き回れないというストレスがないせいで、落ち着いておだやかであることがほとんどだ。ただ、でかい犬だから「はうっはうっ」という息づかいが、いつか「がるるる……」となり、お尻にでも嚙みつかれるのではないか、とか考えはじめると怖ろしくなるので、人間は想像力が大切ではあるけれど、釜《かま》が崎《さき》をうろうろと歩いている犬については、ぼんやりと構えて「あーイヌイヌ」ぐらいの気持ちで見ていると、心地よく共存できる。

もちろん釜が崎の方がたは、自由に歩き回る犬に対して、空気のように自然に接しておられる。犬と人の幸福な共存、というものを感じさせる。

ケージの上のやさしそうな黒猫

そんなふうに、犬が目立つ街なんだが、猫もイイ街なのである。

ありし日の路上カラオケ道で、それはそれは素晴らしい猫を見た。金属のケージが置いてあって、猫はその中にいるのではなく、ケージの上に座っていた。首輪にヒモをつけてそれをケージに結びつけてある。

　大きな、むっちりと太った黒猫で、目元おだやかなやさしそうな猫である。私は「優しそうな猫」というのをあらゆる猫の最上位に置いている。なぜなら、やさしい性格というのは頭がよくなければなれないし（頭が悪いと薄情そうな顔や険悪な顔になる。それは頭の悪い猫をさんざ飼った私の実感だ）、やさしい性格というのは猫の表情を可愛らしくきれいに見せるし、やさしい性格というのはあんまり喧嘩《けんか》もしないから顔や体にキズが増えることもない。

　それでまた、猫として最良の体格というのもありまして、デブデブなのも見苦しいが、ガリガリなのはさらに見苦しい。というか見る者にツライものを感じさせる。

　ちょうどいい体格の猫というのは、たとえていえば競馬場のパドックに行って、うわーなんか知らないけどあの馬光り輝いてる〜、と駆け寄って見とれていたらディープインパクトだった、というような、毛ヅヤはぴかぴかで顔が映るようで、均整の取れた体、柔らかそうな筋肉、へんなたとえだが、ものすごく濃くて美味しい生チョコレートのような、そんな美しさ（美味しさ）を感じさせる。いい馬もいい猫も、美しい姿には共通点があるのだ。不思議なことに美しい犬は馬や猫の美しさとは違う。犬のほうはもっとゴッツした美しさだ。チョコレートではなくリンゴのような（これもへんなたとえだが）。

その、路上カラオケ道にいた猫は、たぶん路上カラオケの店びらきをしているおじさんの飼い猫のようだった。釜が崎の離れ犬とちがってヒモでつないであるのは、猫というのは放したら好きなところに行っちゃうし、まあそこが家なら好きな時に勝手に帰ってくるだろうが、おじさんの路上カラオケ店はおじさんの家じゃなくて勤め先（というか）だから、出先でどっかに行かれてしまうとそれっきりになるかもしれないのでヒモでつないでるのだろう。

つまり、この猫は、旅行をする猫なのだ！　家からケージに入れて連れ出され、旅先（勤め先）で静かにつながれながら飼い主のことを待っている。暴れもしなけりゃわめきもしない。小さな水の入れ物を置いてもらって、その前に、置物のようにきちんと、長い尻尾を丸めて座っている。

村上春樹が憧れ、私なんかは憧れるのもおこがましいと思う、極上の猫である「旅行する猫」の姿だ。ま、家はごく近所なのかもしれないけど、たとえ距離が五十メートルであっても、人が猫を運んでどこかに連れていって大人しくさせておく、ということの困難を知る猫飼い人間にとって、これはすごいことである。

猫は確かに微笑んでいた

路上カラオケ店だけではなく、あのへんは素晴らしい猫の宝庫だった。

天王寺動物園前の歩道橋に、あれはホームレスの方なのか、やはり三匹の猫をケージに入れたものを傍らに置いて、何をするでもなくしゃがんでいらっしゃった。その、ケージの中の猫も、思わず駆け寄ってその前から立ち去りがたくなるほど、きれいでやさしげな猫だった。

天王寺駅の構内で、やはり定住する場所のなさそうな方がヒモにつないで一緒に歩いていた猫も、美しく、大人しくて賢そうで、心から飼い主を慕い、飼い主と共にあることを喜んでいるような微笑みを浮かべていて（猫は微笑んだりしない。猫の表情は「不快」と「怒り」と「うっとり」ぐらいだ。しかしその猫は確かに微笑んでいた）、そのあまりのすばらしさに、譲ってくれませんかと言いたくなるぐらいだった。しかし、もしその申し出を住所不定の方が受け入れてくれて猫を引き渡してくれたとしても、その猫は「飼い主の言うことだから」と従容とこちらに身をゆだねるだろうが、ずっと飼い主を思って悲しげにか細い声で泣き暮らすんではないだろうか。うちのバカ猫などは、エサをくれる人になら誰にでもなつくんじゃないかという感じがある。その猫には、飼い主との、ゆるぎない信頼関係が築かれている。これもまたやさしく賢い猫でなければできないことだ。

不思議なことに、その界隈《かいわい》で見かけたすばらしい猫は、みんな黒猫かキジ猫だった。黒猫とキジ猫が格別にいい猫として生まれてくる確率が高いのだろうか、と思わせるぐらい、天王寺界隈の路上の飼い猫たちは、コクのある輝きをたたえた黒猫かキジ猫であった。

京都・川端四条の猫

しかし、京都《きょうと》の川端四条《かわばたしじょう》の交差点のところに、プラスチックの衣裳《いしょう》ケースの中に何匹かの猫を入れて、「猫もらってください」「猫を育てるための募金をお願いします」と、真夏の炎天下にずっと座っているおっさんがいる。こういうところから猫を不用意にもらうと、病気に感染したりしていて、飼うのがその猫一匹ならその猫だけ治療してやればいいけれど、他に飼ってる猫がいるとたちまち病気が感染したりするから、重々気をつけたほうがいい、というようなことが獣医さんのブログに書いてあったりする。確かに、そうだろうなあと思わせるような、いったいどこから猫持ってきたのかわからない正体不明の怪しさがぷんぷん感じられる。

が。その衣裳ケースの中にいる子猫。そしてちょっと大きくなった若猫。そして親世代のような成猫。

どれも、みんなそろって大人しく、静かにそのおっさんになついている。見た目も可愛い。あまりにも可愛いので、別に私がもらってやらなくても大丈夫なんじゃないかと思ってしまうぐらい可愛い。ここの猫は、白猫とか白地に灰色のブチとかチャイ色とか、主に明るい色の猫が多く、その点で天王寺界隈の猫とは違っていた。しかし、心を奪われるような素晴らしい猫であることには変わりない。

この、素晴らしい猫たちのことを考えてみる。

まず、外で見る猫であるのに、明らかにうちの猫よりもきれいだ。うちの猫の器量が悪いのはしょうがないとして、体つきも美しいし毛ヅヤもいい。うちの猫は体中にホコリなんかくっつけているし、若いほうのやつはフケもひどい。老猫ラマちゃんのヨダレは年寄りだから目をつぶるとしても、目ヤニや鼻くそのたぐいが常にくっついているのも、何か「身だしなみのなってないだらしないヤツ」という雰囲気がぷんぷん漂う。

天王寺の歩道橋の上にいた、ぴかぴかの猫の飼い主さんは、パイみたいに着ぶくれて、どちらかといえばあまり風呂にお入りにならないように見受けられた。私も風呂は嫌いだが、それでもその飼い主さんよりはいくらか小ぎれいにしているつもりだ。

それなのに、その飼い猫は、うちのほうがずっと汚い。みすぼらしい。いちおう夏にはシャンプーもしている。気がついたら猫用ゴムブラシ（というものがある）もかけてやっている。大量に抜けた毛を丸めて固めてテニスボールぐらいにして部屋の隅に転がしている。ヨダレも目ヤニも気がついたらふいてやっている。そりゃわが家は相当にだらしない人間が夫婦になって暮らしてはいるけれど、それにしたって、天王寺の歩道橋の上の飼い主さんよりはちゃんとした暮らしをしていると思うのだが。

猫を見れば飼い主がわかる

生まれてこのかた、四捨五入して五十年間、多くの猫を見てきた。多くの猫を見て、そして多くの飼い主も見てきた。

そこで今、悟ったことがある。

猫を見れば飼い主がわかる。

飼い主を見れば猫がわかる。

子は親の鏡、というが子供の場合、子供とはいえ意志もあり、ウケようという気持ちも強い（自分の子供時代のことを思い出してみるとそのあたりはよくわかります）。それでもにじみ出るように「親の鏡」と化してしまったりするわけだが、そのへんを見るためにはそれなりの鑑識眼が必要だ。虚飾をはぎとって、子供が生来持っている、その子供の本質を見ないといけない。けっこうめんどう。

その点猫は。

猫は飼い主の思い通りにならない。

気まぐれとかいう意味ではなくて。猫は基本的にバカなので、飼い主の心を忖度《そんたく》するような気はない。それだから、何かあるとすぐ衝撃を受けてオタオタするし必要以上に落ち込んだりエサを急いで食べ過ぎてげろを吐いたりするわけだ。

そういう生き物こそ、ぴっかぴかに磨かれた、飼い主の鏡である。

猫偏差値

私が結婚して、夫との一家を構えてからやってきた猫の一覧はこうだ。

・ ツキノワ（53）

・ウラネコ（61）
・ツバクロ（51）
・コメポン（50）
・ヘコポン（49）
・ラマポン（47）
・クダポン（48）

早死にした者もあり行方不明になった者もありいろいろであるが、これだけの猫を飼った。今いるのはラマちゃんクダちゃん。

名前の後ろの数字は何かというと、偏差値である。偏差値世代なのでつい偏差値でいってしまう。いったいどういう母集団なのかといえば、私の頭の中の猫である。今まで見聞きしてきた猫たちの、顔や姿や性格などを思い浮かべて、最高の猫を偏差値七十として、そこからテキトーに換算したものがこの数値である。

わが家の猫でいちばん偏差値が高いのがウラネコという名の黒猫で、こいつが、私が猫の性質としてもっとも高く評価するところの「やさしげな猫」だった。ちょっと臆病だったけどやさしくて親切で、いまだに「今まで飼った猫であれを超えるのはいない。たぶん今後も出会えない」と言い切れるぐらいの素晴らしい猫なのだが、それにしたって偏差値は六十一ぐらいだと思う。私が試験の時に最高にいい偏差値を取ったのが六十一だった、というのも六十一にした大きな理由かもしれないが、とにかく「世界にはもっと素晴らしい猫がいる」ということを私は知っていて、私ごときが飼う猫、というかうちなんかに来る猫はいくら最大限に力を発揮したとしてもこの程度だ、ということがわかっているのである。

渡辺文雄とか山村聰みたいな猫

ここまで、素晴らしい猫について縷々述べてきた。

素晴らしい猫を、私は主に天王寺や釜が崎などの地区で見てきた。あのあたりは「素晴らしい猫多発地帯」と言ってもいいように思う。

私は関西在住の人間なので、これが東京だったら、山谷《さんや》や横浜《よこはま》の寿町《ことぶきちょう》あたりが「素晴らしい猫多発地帯」なのかと想像してみる。確かに、たっぷりとした、社長っぽい、愛人を囲ってそうな渡辺文雄《わたなべふみお》とか山村聰《やまむらそう》みたいな猫なんかをよく見かけた、ような気がする。

まあ、そのての猫は、やさしいというのとはほど遠い性格だったりする場合が多いが、それでも「素晴らしい猫」の一つの種類ではある。ただ、天王寺近辺ぐらい、自信を持って「ここの土地とここの人が素晴らしい猫と結びついている！」とまでは言い切れない。関東に住んだらそのへんの調査が急務だ。

といいつつ、関東にも三年ほど住んだことがあって、その時の住所は府中《ふちゆう》市だった。刑務所と競馬場のある街・府中市。

府中市というのはけっこう猫がうろうろしていた。その点、なかなか良い街だったと思うが、そのうろうろしている猫が、わが家の猫のレベルというか、偏差値が五十のラインを超えそうで超えられないでうろうろしてるような猫が多かった。顔も毛色も体格もさえない猫だらけ。まあ、町中がわが家みたいな気分になれてなかなか気楽でよかった。猫がたくさんうろついている、というだけでその土地の「土地柄」は良いものになる。

国立市には猫の気配がない

そんな府中の隣に、国立《くにたち》市というのがある。

国立というのは、刑務所と競馬場のガサツな府中市とは違い、一橋《ひとつばし》大学と桐朋《とうほう》学園と山《やま》口《ぐち》百恵《ももえ》邸に山口瞳邸を擁する高級な市である。自転車で道路（なんのへんてつもないふつうの路地）を走っていても、「あ、今、府中市から国立市に入ったな」ということがわかる。いきなり街や町のたたずまいが違う。いやもう、単身者用のアパートみたいなものからして、国立市のほうが色も明るく鮮やかできれいなのだ。府中市には二十四時間出せるゴミボックスが辻々にあってとても便利だけれど、そのせいで全体的に路地の薄汚れ感がこびりついているのは否めない。国立にはそんなものはない。天王寺や釜が崎にもそんなものはなくて、ゴミが散乱しているのに、国立はゴミボックスはなく、ゴミが散乱していることもない。素晴らしくきれいに整っているのだ。

この国立市で、猫を見かけないのだ。

不思議なほど見なかった。そりゃ、国立市に住んでたわけじゃないから「お前が去った後に大挙して出てきたんだ。お前なんかに姿を見せる国立のお猫様じゃないんだ」と言われたら返す言葉はない。

しかし、雰囲気すらなかったんですよ、国立市には、猫の。豪邸やこぎれいな家の中で、外に出すとケガしたり事故にあったり病気になるから家の中でだけ猫を飼っている、という家が建ち並んでるんだろうか。

いや違う。家の中で猫を飼っている家というのは、いくらきれいにしていたって、バンソーコー巻いても巻いても傷口の汁がしみ出してくるように、出てくるもんなんです、猫の気配というのは。

その気配もなかった。

国立には有名な喫茶店もケーキ屋も本屋もあり、駅前通りは整備されて自転車なども走りやすいようになっていて、府中市で曇り空でも国立市の市域に入ったら一天にわかに晴れ渡ったりして、なんというか、「こういう街をいい街というのであろうな」と、思わないわけにはいかない。そういう街なんだが、何かが漂白されてしまったようなうすら怖ろしさを私は感じた。そのもっともわかりやすい、大きな空気が「猫の気配がない」なのであった。

いや、だから国立市にはちゃんと猫は飼われていると思う。きれいな猫も山ほどいるだろう。うちの猫なんか足元にも寄れないような猫がいっぱいいるだろう。

でも、猫というものにまとわりつくところの、薄汚れた、情けない、どうしようもない、猫を愛して飼っていても「とほほ……」とガックリ頭を垂れてしまう、あの雰囲気が圧倒的に、ない。

何回か国立市を自転車で走り回って、その時にはよくわからなかったその違和感が、天王寺公園の路上カラオケで飼われていた素晴らしい猫を見ていた時に「はっ」とわかってしまったのだ。

猫は、人間の本質を突いてくる。

人間の虚飾をはぎとった姿に見合う猫が、黙って集まってくるのだ。

人を見る目がない

生まれてこのかた五十年に近くなってきてわかった。

猫を見れば人がわかる。

人を見れば猫がわかる。

考えてもみてほしい。

生まれてからあとちょっとで五十年もたつ。五十年といえば半世紀である。半世紀前といえばもう歴史の中の話だ。

それだけ長く生きてきて、義務教育に、偏差値低いとはいえその上の学校も行き、レベルは高くないが教育も受け、その他にいろいろな個人的事件、社会的事件に遭遇し、お粗末とはいえ見聞も広めた。

しかし、自分を振り返って、この、人の見る目のなさはどうだ。

友人の多い人間はいい、というけれど私の友人の数は少ない。ピースサインで間に合うぐらいである。そのうちの一人は夫だ。夫が友だちなのか、ということに議論の余地はあるかもしれないが、もし夫を入れなかったら「友だちは一人」ということになり、あまりにもむなしいので夫を入れることを許してほしい。それに夫じゃない友だちだって、私が友だちだと思ってるだけで相手は「青木さん？　別に……」と思っている可能性は大きい。この五十年、そんなことばっかりだったし。この人となら、と思って結婚した夫だって、歯は抜けるわ毛も抜けるわでひどい有様になってしまった。

身近な人間だけではない。タレントやミュージシャンや政治家など、実際に接することはない有名人を見る目もない。

この人好きだわ〜、と第一印象で思った人びとが、ことごとくイヤなヤツであるということがわかるのである。いや、イヤなヤツったって、会えるわけじゃないんだけど、たとえば、私が「あ、この子感じいいな」と思っていたグラビアアイドルの女の子が「私はとろとろのなめらかプリンが好き」と言ったりするとガックリくるのである。私はプリンはきっちり焼いてある固いやつが好きなので、あの焼いてるんだかなんだかよくわからないどろどろのプリン液みたいなものを好きとかいう人間とは、とうてい心を通じ合わせることなどできない。たかがプリンなどと言ってほしくない。これは人間の生き方の問題なのである。同じようなこととして、いちご大福におけるアンコは粒餡《つぶあん》かこし餡かあるいは白餡かというのも大問題だし、目玉焼きの白身と黄身の焼き加減も重大事だ。数えればキリがないが、私がコレと目をつけた芸能人やスポーツ選手などの著名人が、そういう重大な問題でガックリくるような意志表明をすることがやたらある。

民主党・岡田克也のカエルコレクション

政治家でもそうだ。私は民主党の岡田《おかだ》克也《かつや》が（ルックスが）好きで、なんとなく気にかけていたところ、なんと岡田さんはカエル好きのカエルコレクターだということがわかった。私もカエル好きだからこれには喜んだ。やはり私の見込んだだけのことはある人だ。

しかし、ネットか何かで、岡田さんが自慢のカエルコレクションに囲まれた写真を見てショックを受けた。

ダメなカエルがいる。

カエル愛好家は、カエルを愛する者であるからこそ、どんなカエルでもいいというわけにはいかない。そこには強いコダワリが生まれるのである。私もカエル愛好家のはしくれ、好きなカエルと許せないカエルがある。許せないのは、カエルをちゃんと見ずにつくった、マンガっぽいカエルの置物やキャラクター・グッズだ。『ど根性《こんじょう》ガエル』とか『けろけろけろっぴ』とか、そのてのカエル。ぜんぜんカエルらしくないし、そういうモノをつくってしまうというのはカエルをなめているのである。「しょせんカエルなんてこんなもんだろ」というような、カエル好きをバカにしているとしか思えない思想からきているのだ。カエルコレクターで、そのてのカエルをラインナップに入れている人がたまにいて、私はその人を信用しない。

岡田さんのカエルコレクションの中に、それに類するカエルがいたのだ。他のカエルは、この私が見て「さすが岡田さん。やはりステキな方」とうっとりできるような、カエルのカエルらしさをクールに表現した、欲しくなってしまうようなカエルグッズだったのだが、ひときわ目立つところに、ぜんっぜんカエルらしくない、マンガっぽいカエルの置物がいたのだ。「岡田さん、あなたもか」と、力が抜けそうになった。まあ、マンガっぽいというのがけろっぴとかの安い日本のマンガっぽさではなくてアメリカあたりのコミックス的であったのがわずかな救いであったが。でも私の岡田克也に対する評価は、その目盛りを三つぐらい下げてしまったのである。そして、カエルコレクターであるというだけで岡田さんに高得点をつけてしまった自分を反省するのだった。

話は長くなったけれど、このように、私は半世紀を生きてきながら、人を見る目がぜんぜんない。

で、私はそのことをずっと、私の見る目に叶《かな》わないその人のほうがダメなんだと思っていたのだ。「ちっ、まったく、人の期待を裏切りやがって」と。

しかし、天王寺公園の猫を見ていて、ハッとなったのであった。

「ちがう。人が悪いんじゃない。見る目のない私の能力が低いのだ」

そして、天王寺公園の、ぴかぴかと光り輝く猫を見ていて、すべてがわかってしまったのであった。

「猫を見れば、人がわかる」

ハンス・ギーベンラートの美しさ

ある種の猫を見ている時に、ひれふしたいような気持ちになることがあった。

猫を見かける、というのはほぼ出歩いている時に道ばたで、ということが多く、それはつまり「外をふらふらと歩いている猫」で、つまり「外を出歩いているような猫は野良猫、あるいはそれほど手をかけられていない気ままな飼い猫」で、つまり「カネで値段をつけたらそれほど高くない」連中である。血統なんてものはない。

ひれふしたくなる猫は、輝いている。毛ヅヤのことではなく、いや外歩きをしているのになぜか毛ヅヤのいい猫は多いが、表面的な色つやではなく、雪の中に見える家の暖かい光りのような、そんなふんわりとした光りが、内面から輝いている。

エサもろくにもらえないいんじゃないかというような、あるいは脂肪分過多の残飯が山ほどあるようなところで生きてきて、ガリガリに痩せ細ることも、醜くメタボ太りすることもなく、均整のとれた体に美しい毛並みだ。

ガリガリの猫とデブの猫はビクビクして小心なのが多いが、「なぜか美しい猫」は性質もおだやかで落ち着いているのだ。ゴミ箱がひっくりかえっている路地裏などで、そんな落ち着き払った美しい猫を見かけるたびに、私は、ヘルマン・ヘッセの『車輪《しゃりん》の下《した》』を思い出す。主人公のハンスは、それほど美しくも賢くもない両親からなぜか生まれてきた賢く美しい少年で、日本ではこういうのを「トンビがタカを生んだ」という身もフタもない言い方で表現するが、ヘッセが描く「ハンス・ギーベンラートの突如現れた美しさ」は、そんな下世話な言葉で言い表せるものではない、何か「超現実」なことであるかのようだ。路地裏にいるある種の猫には、それと同じものを感じさせられることがある。

また、それとは逆に、ぼろぼろでよろよろで近寄りたくないような風体の猫に、膝《ひざ》をつきたくなるようなこともある。体は痩せこけて毛並みはぼろぼろ、白っちゃけたような毛色、目などは半分つぶれたようになって、そんな姿で一人、木枯らしの路地裏でじっと座っている。映画『ベン・ハー』で、十字架を背負わされ、人々から石を投げつけられながら歩くキリストが出てきた。あのキリストはぼろぼろでへろへろなんだが、ベン・ハーが思わず駆け寄って水を捧げたくなってしまった、あの感じ。見かけはひどいが、何か心に凛《りん》としたものを持っている。その姿がぼろぼろであればあるほど、内面の美しさみたいなものが輝いて見える。

……と、こんなことを人間について話しているとすると、もう聞いた瞬間から眉にツバつけるような話である。内面の美しさとか言われた瞬間、もうそんなこと言った相手を信用したくなくなる。

しかし、猫には、内面の美しさがある（やつもいる。しょうもないやつもいますが、それは人間と同じ)。

猫は凜としている（やつもいる。ぜんぜん凜としてないやつもいますが、それは人間と同じ)。

そして、猫には品格がある。

品格を論じることが品格に欠ける

では、品格とは何だろうか。

私には「品格があるなあ」と思う人が何人かいる。その人と、品格のある猫とは、似ているかというと……似ているような気もするが似ていないような気もする。というのも、品格とは何か、ということがはっきりしていないから、似てるのか似てないのか自分でも判断がアヤフヤになるのだろう。

いろいろと品格について論じられた本がある。読んでみた。原点に立ち返って辞書も見た。人にも聞いた。自分でも考えた。

わかった。

品格についてあれこれ論じるということが、品格に欠ける行為である。人の性格や行動についていいとか悪いとかあげつらうって、品格とはもっともほど遠いことだ。こんな本を書いている私にも品格などカケラもない。それはそうだ。すごくよくわかる。確かにない、品格。

猫には品格がある。

猫は品格についてあれこれ言及することはない。常に泰然自若としている。だから、品格があるのである。

猫が茶席に出れば……

たとえば、茶席に出るようなことがあったとする。私は茶の湯の心得はない。抹茶も好きではない。苦いから、お茶を飲んだら飲み込む前に菓子を口に入れ、苦みを甘味で中和しないと飲んでられない。「お懐紙は持ってらっしゃいますか」と聞かれて「会費」かと思ってサイフを出したりする。そんな具合なので、こんな物知らずな者が茶席にいる、ということに気づかれてはいけないという気持ちと、茶の湯がなんぼのもんじゃという逆ギレのような気持ちと、茶の湯は知らないが茶席の菓子については甘党なので詳しいからうんちく語らせたらけっこういけるぞという自慢の気持ちと、さまざまな感情がうずまき、足をしびれさせたあげく茶碗《ちゃわん》の中に足つっこんだりする（実話）。

さて、これが猫ならどうだろう。

茶室に入りたければ入ってくる。入りたくなければ入らない。お茶席のお歴々を前にして、ごろりと横になり、尻の穴などを舐《な》める。床の間の違い棚に飛び乗る。銘木の柱でツメトギをする。国宝級の茶碗で丁寧に点《た》てられたお茶を目の前にしてもはなもひっかけない。出ていきたくなったらさっさと出ていく。冬なら炉のそばで丸くなって寝てしまう。

これはできない。

こういうことをする人はいるかもしれないが、それは単に異常者であるか、「あえてそんなことをやっている」というあざとい行為である。

猫は違う。無心だ。無心は美しい。

それに近い感情を、太宰治《だざいおさむ》が『斜陽《しゃよう》』で描いている。骨付きチキンをナイフとフォークでお上品に食べようと四苦八苦していたら、お母様はひょいと指でつまんで食べてしまった、その何気ない姿がとても上品だった、生まれながらの貴族のお嬢様はやっぱりほれぼれするような品がある（大意）、と。

森茉莉も、少女がスリップ姿のまま牛乳を立ち飲みしている姿の美しさ、みたいなものを描いている。これは「猫の茶席での振る舞い」の美しさを、人間が実現した場合について描かれているわけだが、それでもこの「お母様」や「美少女」には意識的にしろ無意識にしろ「自意識」が、お腹の中の肝臓のように横たわっており、いくら美しく描かれてたって「お前、ハラの中に一物あるだろう」と言いたくなる。猫にはそんなことは言いたくならない。

善きものがぽこっと、そこにある

猫がオペラに行ったとしよう。

猫が結婚式に出たとしよう。

猫が大学受験に行ったとしよう。

すべて、猫が実に自然体に、しかし自由闊達《かったつ》に行動する様が見えるようである。その姿が美しい。じつに品格が高い。

うちの猫などは、臆病で薄情で慌て者のダメ猫であり、飼い主と間違えて電気工事のおっさんにすり寄って、さんざんすり寄りまくったあげくに「これは飼い主ではない」と気づいてそのへんにあるゴミ箱から何からひっくり返して逃げる、などということがある。実にみっともなく、飼い主をして情けなくさせるような有様だ。

けれど、バカはバカ、アホはアホ、ダメはダメなりに、みっともないことはみっともないんだけど、へんな自意識で「物陰でひとりほくそ笑む」ようなこともなく、ただヨダレを垂れ流しながら、大騒ぎの直後にはもう、ガスファンヒーターの熱気吹き出し口に鼻面をくっつけるようにして暖を採りながら（ヒゲは熱でチリチリちぢれたりしている）ボロぞうきんのように寝入っている姿には、不思議な神々しさがある。こんな有様の猫であっても、基本として品と格は備えているのだ。

これが、天王寺公園の素晴らしい猫、これを私は略して「スバラネリ」と呼んでいるが、スバラネリの発する素晴らしい雰囲気、これを品格などと言い表してしまうと、世に出回る品格本とその作者の顔など思い出して、かえってそぐわないような気にすらなる。

僻《ひが》み根性が強いので、きれいな顔、可愛い顔、モテるルックスの人がいると、その人がいくらいい人であっても、その裏には「私の顔を見て〝まあ、顔がご不自由……お気の毒に〟などと憐れむとか嘲笑《あざわら》ってる」んじゃないかと邪推（とばかりはいえない。当たっていることもある）したり、何か天然ぽいことを言ったりやったりしても、実はそれはウケるための高度な作戦が裏で発動されてるんじゃないかとか、そういうふうに見てしまうし、そういうふうにいつも見るからそういう目が研ぎ澄まされて、他の人が気づかないそういうものを、私は見られるようになっている。そういう能力だけはある。能力があって裏を見破ったとしてもイヤな気分になるだけ、というまったく生産性のない能力であるが。

そんな私をして、スバラネリの素晴らしさには裏を見つけられない。いや、ウラとかオモテとか、そういうものすらスバラネリにはなく、ただ一個、

「善きものがぽこっと、そこにある」

だけなのだ。人間ではこうはいかない。そこにはあらゆる邪《よこしま》なものが流れ込んできて、あっというまに「善きもの」は「ありきたりなもの」になり、そして「感じの悪いもの」にまでなってしまう。

はしゃいだおっちゃん

といって、人間に、猫ほどの品格は望めないのか、といえばそんなことはない。少数の選ばれた人だけではあるけれど、ちゃんと品格のある人というのは存在する。

天王寺の、ってこう天王寺が続くと、天王寺というのは品格のある生き物を輩出する街

なのかという感じだが、別にそういうわけではなくて、たまたまだ。天王寺駅から十分ぐらい歩いたところの、再開発でほとんど周囲は取り壊されて、大通り沿いだけに皮一枚残った店舗の中に一軒、年季の入った飲み屋がある。

あまりにも年季が入っていて、味もでまくりだし、酒もうまいし（と言われている。私は飲めないのでわからず）食べ物もうまいし（これは本当）、値段も安い。とても人気のある居酒屋である。

しかし今の時代、こういう〝味あり物件〟には好事家がやってくる。京都にもこういう居酒屋があり、酒もうまい（たぶん）し料理もいい、勘定もまあまあ。となると、来る客が「大学教員」とか「むかし、京大《きょうだい》で学んでた頃」とか「デザインの仕事やってる」とかいう初老インテリ風がいっぱい来て、そういう客は店がたてこんできても早く食べて引き上げようとかいう気がなくて見てるだけでイライラさせられる。さすがに京都にくらべれば天王寺は客層がぐっとカジュアルで、インテリ風の客は少ない。でも、オシャレ系のおっさん（デザインメガネとかしている）や、「この店が好きなオレが好き」みたいなはしゃいだおっちゃんはけっこう来る。

ある日、いかにもなはしゃいだおっちゃんがカウンターに座って機嫌よく飲んでいた。

空席をはさんで隣に、「ここって有名だから来てみました～」みたいな若い女の子の二人組がいて、おっちゃんはその二人にいろいろ教えてやったりしてゴキゲンだったのである。

しかしおっちゃんの幸せも長く続かなかった。女の子との間の空いてた席に、もう四十年前からこの店に通っとるで、近所やさかいに、というようなおっちゃんが入ってきて、ものも言わずに座ったからだ。

このおっちゃんというのが、見た目も言動もゴリラと見まがう。今どきこういうタイプの人は珍しいと思う。顔がゴリラそっくりなのは、たまにそういう人がいるけれど、顔色もゴリラそっくりだし、髪型もゴリラだ。ゴリラ特有の陰鬱《いんうつ》な表情で、ゴリラであるからほとんどしゃべらない。「ウウ」と何やら合図をするとジョッキの生ビールと、おでんかなんかが出されていたので、四十年通えばゴリラでも店の人には注文が通じる、ということなのであろう。

ジョッキを握りしめるゴリラのおっちゃん

このゴリラのおっちゃんに横に座られてしまった、はしゃいでたおっちゃんの落胆ぶりというのは、見ていて気の毒になるぐらいのものだった。

せっかく女の子二人組にイイ顔ができていたというのに、それをゴリラみたいなおっちゃんにさえぎられてしまったというのも大落胆だが、こういうはしゃいだおっちゃんは、相手がギャルでなくても満足できるところがある。相手がゴリラみたいな見かけだとしても、イイ感じの居酒屋でイイ感じの居酒屋トークができればうれしいのだ。

しかし、ギャルをさえぎっておっちゃんの前に立ちふさがったゴリラおっちゃんは、見た目がゴリラであることはそれほどの問題ではなく、本当の問題は、見た目もゴリラだがスピリットはもっとゴリラ、だったということだ。

はしゃぎおっちゃんは、オチョコの酒をちびちびと呑みながら、チラチラとゴリラおっちゃん、およびそのむこうのギャルを見ているんだけど、ギャルのほうはそもそもおっちゃんの話に「お付き合いしていただけ」だったので、ゴリラにさえぎられたらもう、おっちゃんの存在など忘れてしまって、二人だけで楽しくお酒を飲んでいる。若い女なんて薄情なものである。ならば相手がゴリラでもいい、と秋波を送ってみるのだが、ゴリラのおっちゃんは何せゴリラであるので、他人と酒を楽しむなどという気持ちはない。ひとりでガシッと大ジョッキの取っ手を握りしめて、動物園の檻《おり》を握りしめたゴリラのように自分の世界に入り込んでいるだけだ。そんなゴリラおっちゃんを、いつまでもチラチラチラチラと気にしているはしゃぎおっちゃん（もうはしゃいでいない。落胆している）。

この光景は忘れられない。すごく面白かった。いまだに思い出して笑ってしまう。あの横目で悲しそうにゴリラを見ていたおっちゃんと、何も気づく気もなくビールのジョッキを握りしめるゴリラとの対比。

ゴリラのおっちゃんの精神

そしてしみじみ思うのだ。そもそも、なんで猫の品格を論じようとする時に、天王寺の居酒屋のこのおっちゃん二人について書いているのかといえば、その「思ったこと」に深く関わり合いがある。

このおっちゃん二人、どっちが品格が高いか？

品格という言葉に二人ともそぐわないから考えづらい、というなら質問を変えてみる。

このおっちゃん二人、どっちがかっこいいか？

私は即答する。ゴリラのおっちゃんだ。

私がゴリラ顔の男がけっこう好き、ということとは別の話である。そんな見かけの問題ではなく、ゴリラのおっちゃんの精神がかっこいいのだ。

はしゃいでるおっちゃんは、自分が〝味のある居酒屋〟に来ていることだとか、その居酒屋で常連ぽく振る舞うとか、そういうことに何かの価値があると思っているわけだ。

それはおっちゃん個人の問題ではなく、ふつうの人間なら誰にでもある感情であろう。それを人は古来〝業〟と名付けて、そいつといかにうまくつき合っていくか、あるいはそいつに支配されるか、あるいは闘うか、を模索してきたといえる。このおっちゃんの場合は完全に〝業〟に支配されている。

責めることはできない。人間は弱いものである。しかしあまりにもなんというか、業に支配されていることに一片の忸怩《じくじ》たるものすらない（ように見える）というのは哀しいものがある。

そういうおっちゃんを反面教師として、自分はなんとか「業と闘い、業に打ち克《う》つ《か》」ことを目指しているわけだ。しかしそれは容易なことではない。意志薄弱だから業にはあっという間につぶされる。生まれて四捨五入して五十年、つぶされ続けである。子供の頃には子供らしい業、大人になったら大人っぽい業に、ずっとぺっちゃんこにすりつぶされてきた。

何かの間違いで急に強くなり、業と闘って打ち克ったとしてもきっと「オレは業に勝ったぜふっふっふっ、こんなオレってすごい」と新たな、さらにやっかいな業に襲われることになるだろう。

そもそも、闘うにしても何にしても、それは〝業がある〟ことが前提になっている。

さあ、そこへ登場するのがゴリラのおっちゃんだ。

私がこのおっちゃんの有様に感動したもっとも大きな原因は、

「このゴリラのおっちゃんには、業などというものがそもそもない」

からです。

〝業〟から免れない

これはすごい。

天衣無縫、というのは、表現者にとっては素晴らしいホメ言葉であって、たとえば私の好きな武田百合子《たけだゆりこ》なんて人も「天衣無縫の文章家」などと言われ、ほめ讃えられている。

武田百合子級になると本当に本物の「天衣無縫」かもしれないなと思うが、それでも『富士日記《ふじにっき》』以降の、人に読まれることを意識して書いた文章の中に、ほんのちらっと、シラス干しの中に一匹混ざっている極小のカニみたいに、「こういう言い回しで書けば武田百合子的でよろこばれる」と思って書いたんではないかという箇所が見つかる。あれほどの天然物の大物の天才であっても、人に何かを表現しようとする時、その〝業〟からは免れないものなのだ。

しかしゴリラのおっちゃんは。

彼は表現者ではない。そもそも何かを表現しようなんていう色気なんかない。自分の呑みたいようにジョッキの取っ手を握りしめているだけだ。

もっとも品格の悪い行為は、品格について自説を滔々《とうとう》と（訥々《とつとつ》と、でも同じ）述べることであるが、いちばん陥りやすい「品格に欠ける行為」というのは、「自分についてやたらと重大に考えて、何か言ったりやったりする時に舞い上がる」ことで、これは〝業〟と密接に関連している。業が強ければ強いほど自分のことを重大に考えてしまい、何をするにもしないにも、そのことに深い意味づけなんかをしてしまい、すると声はうわずったり逆に押し殺したようになったり、行動は不自然にギクシャクする。いくら自然にやってるように見せても、自分で自然だと思いこんでいても、衣の下から鎧《よろい》は必ず見えちゃう瞬間があるのだ。ああ、恥ずかしい。品格がないことおびただしい。

人の品格について云々《うんぬん》するのは品格のない行為であるから、そういうテツは踏むまいと思い、猫の品格について考えてきた。

しかし結局、私は人の品格について言いたいことがあるのである。実に品格のない人間だ。品格のない人間だから、品格のある人間になりたい。すごくなりたい。品格のある人間に憧れてしょうがない。

でも、品格のある人間って、具体的にどういう人なのだ？

そんな時に、うちの中でいぎたなく眠りこける猫どもを見ていて、思うところがあった。外に出かけた時、ゴミタメの中に素晴らしい猫を見つけた時にはハッとした。

猫と犬ではちょっと違う

猫は品格がある。

なぜなら、へんな自意識がない。

こういうことをやればウケるとかカッコイイとか、そういうことを考えるようなことが基本的には、ない。

常に自然体。常にそのまま。何かを取り繕うようなことはない。

当たり前ではないか、猫なんだから。その考え方を押し進めたら犬でもネズミでもいいだろう、ゾウでもシカでもフナムシでも。

と、つっこまれそうな気がする。自分でもそのへんは己につっこんだほうがいいという気がする。

猫だけが品格があるわけではない。夏、海水浴などに行って岩場でぞろぞろ面をなして這い回っているフナムシなんか見ていると、ああこいつらは品格があるなあ、見た目はともかく、などと思うことはある。風格のあるゾウや、哲学的なネズミなどもいる。猫と同様に素晴らしい犬もいる。

だから猫だけに品格があるわけではないのだが、ゾウにしたってフナムシにしたって、身近に暮らせば個々の性格もわかり、彼らの品格のありようもわかると思う。しかし、ゾウやフナムシと、その気になって身近に暮らすのはけっこう難しい。フナムシは個々を見分けるまでにたいへんな時間を要するだろうし、見分けたと思った時にはもう寿命が来てしまってまたゼロからやり直しになる。ゾウは、飼育係になる、ゾウ遣いになる、などの方法で身近になることは可能だし、ゾウの寿命はたっぷりあるから彼とじっくりつきあうことはできる。でも、個々を知るためにはせめて十頭ぐらいとはつきあいたい。ゾウ十頭とじっくりつきあうのはけっこうたいへんだ。それに何よりも、ゾウとつきあうのはやっぱり「仕事がらみ」であり、そうなるとこちらが平常心で相手とつきあえなくなる。

犬については、たぶん犬の品格はきっちりと存在している。生活の中に犬が入り込んでいるし、たくさんの犬とつきあうことも可能。他人の犬や放浪している犬（これは最近減ったけれど）と出会うことも容易《たやす》い。ただ私が犬とあんまりつきあったことがないという、単純な問題で、犬について言及していないだけなのである。やはりこのような本であっても猫と四十年つきあってやっとまとまった考えであり、よく知りもしない犬についてそんなことを書くほど私はツラの皮が厚くない。

とはいっても、猫と犬ではちょっと違うと思う。

犬は（最近は座敷犬が多いが）基本的には外で飼うことが多く、猫はその点、人間と密着した暮らしをする。フトンにも入ってくるし、寝ている時の息づかいなんかをいつも感じながら（わが家の場合は、寝ている時にヨダレを顔に垂らされるのを感じながら）生きていると、イヤでも猫のイイとこわるいとこが見えてくるものである。

おまけに、現在、野良犬というものはあんまりいないが、野良猫は大量にいる。人と接している猫と、人と接していない猫、両方をふつうにいっぱい、見ることができる。その接し方によって、人の品格までも言及することが可能なのだ。

ということを前提にして断言するが、猫は品格がある。

かっこわるいことこの上ないこと

基本的に、すべての猫は高い品格を有している。

当然、いろいろな猫がいて、品格が高い中でも「超高高」「高高」「中高」「低高」などはある。そりゃ猫によって違います。うちの猫など「低高」だろう。気が小さく、バカで、不憫になるほどである。不憫になるような品格の高さというのもどうかという気はするが、しかしちっぽけな自尊心とかしょうもない自負心なんてものはない。立身出世に対して恬《てん》淡《たん》として、ただエサを食べることを喜びとして生きている。これが人間なら充分賞賛に値しよう。

その飼い主である自分自身を考える。世間の評判に対してくよくよと気にする。そんなに社宅の奥さんたちの評判を気にするなら、ちゃんと社宅のドブさらいにも出て、婦人会にも嬉《うれ》しそうに出て、たまには家でお茶会でも催したりすればいいのだが、やるべきこともさぼって評判が悪くならないかクヨクヨ気にする。ダメだろう。

自分がひとかどの者でありたいといつも考え、いかなる行動が「ひとかどの者に見えるのか」をやたら気にして、何をやるにも不自然になる。人目がある中で無意識に何かやるのなんて、電車の中で口あけて居眠りする時ぐらいではないか。電車の中で読む本とかも「この本読んでたらかっこいいかも」とか思って、それほど読みたくもない本を買って、読んでもぜんぜん頭に入ってこないというこの小ささ。

この、常に人目を気にしているという、自分で考えてもかっこわるいことこの上ない、真に品格のないというこの性格を、どうにかしたいものなのだが、これは「太っているから食事制限でダイエット」などということとは比べものにならない困難さである（私の場合、食事制限でダイエットもまた困難を極めるのだが）。これは努力でどうにかするのは難しい。たとえば「白いサルを思い浮かべるな」と言われた瞬間に、人は頭の中が白いサルでいっぱいになってしまう。同様に「人目を気にしないで悠然としろ」と自分に言い聞かせた瞬間、私は「人目を気にしないように、今以上に人目を気にする」ことしかできなくなる。ああ、こういうのは、持って生まれた性質、才能であって、私には悠然としていられる才能がない。品格もまた才能であり、私には品格の才能はない。だから品格を高めるためのハウツー本など読んでもムダである。持って生まれた才能なんだから、品格は。百メートルを九秒台で走るのは才能であり、万人になし得ることではないというのと一緒。

まあ、五十メートルを十秒で走る人が、努力をして九秒台で走れるようになるかもしれないということはある。でもそれは所詮、本質まで変えるに至らない、あがきみたいなものだ。

超品格猫を探し出す

品格は持って生まれた才能だ。

品格は高いほうがいいに決まっているが、品格の低い人間が品格を高くしようとしてもますます品格を下げるようなことにしかならない。せいぜい、品格のことなど忘れて生きる、というのが品格向上にいちばんきくのではないだろうか。もし忘れたとしても、ただ、だらだらと品格がますます下がる、ということも充分に考えられるが。とにかく自分でどうにかできるようなものではない、品格なんて。

猫は品格のある動物である。生まれついて品格がある。

そして、品格のある中でも、とくに素晴らしい、神様の選ばれたかのような品格の高い猫。そういう猫を見ると、見るだけで感動できるもので、いつしか外に出たり、あるいはテレビや雑誌などで、そういう超品格猫を目で探すようになった。

そして、そんな超品格猫を探し出すのがうまくなった。

そして、そんな超品格猫が多く出現する場所の傾向のようなものもわかるようになった。

それが、今まで説明した通りの、天王寺公園や、京都の川端四条の交差点とか、新宿《しんじゅく》のスナックの裏道とか、廃工場の空き地とか、そういう場所だった。

そして、そんな超品格猫が、飼い猫だった場合、どんな人が飼っているのかも鋭く観察し（うらやましいから。自分ちの猫とくらべてしまい、嫉妬《しっと》の気持ちでつい視線も鋭くなるというもの）、超品格猫の飼い主の傾向も摑《つか》んだ。

素晴らしい猫の飼い主は男性ばかり

摑んだ結果、素晴らしい猫の飼い主は素晴らしい、ということがわかったのだ。

青いシートでつくった簡素な住宅に住んでおられる方。地下鉄の入口で『ビッグイシュー』を掲げて黙然と立っておられる方。居酒屋でビールジョッキ握りしめておられる方。

どうも思い浮かぶのが男性ばかりなのはなぜだろう。

素晴らしい猫は、素晴らしい男の飼い主との親和性があるようだ。これは統計を取ったわけではない。統計は取りたいと思っているけれど、なかなか難しい。良さそうな猫がいたらその飼い主を見ればいいわけだが、それはたいへんに困難を伴う。外を歩いている猫と飼い主が一緒にいることはあまりない。どこかの家に入っていったらそこの家を見張って住人を観察すればいいわけだが、うちの猫など外に出していた時にはよそ様のお宅にも出入りして昼寝したりおやつもらったりしていた。それを考えるとそれも確実ではないし、他人の家をじっと観察すると通報される恐れがある。

男のほうが、業から逃れきってしまいやすいのかもしれない。いや、そうでもないか。ただ、自分がひとかどの者やちょっとした変わり者でありたいとか、こう見えても実はイケてると思ってるとかいうような、人間の醜い業はなかなか捨てきれないものだが、たとえば会社という後ろ盾を失ったとかそういう衝撃がひとつあると、業をぽろっと払い落としてしまうということが、男の場合、あるんではないか。女はその点、いつまでも業をずるずるとひきずり続けるような気がする。……いや、そうでもないか。人によるか。業をひきずる女というのは単に私の話だし、よく競輪場や競艇場に行くと、ぼろぼろのおっさんが「実はボクは京大の仏文を出ていましてね」なんて話がけっこうあったし（なぜか必ず京大の仏文、なのだった。東大の農学部とか阪大《はんだい》の工学部とか、そんなバリエーションがあってもよさそうなものなのに）。人によるのだ。

なので男が多いか女が多いかは一概に言えないということにしておくが、私が見るのは男が多い。今目の前にあることだけを無心にやっているような男。すべての業を捨て去った男。

そういう男に、素晴らしい猫が寄り添っている。

業を捨てたことを神様に祝福されて、恩寵《おんちょう》のようにして素晴らしい猫を与えられたのであろうか、と、天王寺公園の青いシートの家の前で、金網のオリで静かに座っている美しい黒猫と、その金網の前で茫然《ぼうぜん》としたように道行く人を見ている飼い主のおっさんを見ていると、思うのだった。

ふらふら生きとけ

しかし、生まれついてのものはどうしようもないのか。どうにかなるとしたら、何かものすごい衝撃のようなものでムリヤリにどうにかするしかないのか、という問題がある。

品格は天から与えられた才能だ、ということを私は身に染みて感じている。あがいたところでムダである、と。

それに、そもそも、品格を高めようと何かをする、品格について考えたり、ちょっとでも品格のいい行動をとろうとしたり、そういうことがすでに、品格を落とす行為である。品格は天与の才能であり、品格の才能のない者が品格をどうこうしようとすればもともと低いものがさらに低くなる、となれば、これはもう個人の努力でどうなるものではない。それだけに品格のある人（や猫）は天才として賞賛されるわけだが、ならば、品格の低いものが「どうせ才能なんだから、一切の努力はムダ」とすべて諦めてテキトーに生きていくというのはいかがなものか、という声が頭の片隅に浮かんだりする。

基本的には「品格のことなんか何も考えないでふらふら生きとけ」というのが私の考えで、その「品格のことなんか考えないでふらふら」というのはけっこう難しいことなのだ。

そうではなくて、ただひたすら怠惰に、品格のことを考えることは品格の低い行為だ、ということを逆手にとって、あえて品格の下がるような行為を、やる、ということもある。行為といってもいろいろあって、単純に「下品なことをする」ことから、ちょっとひねって「あえて（↑ココを強調して自分にも他人にも言いふらしながら）業を肯定して生きる」というものまで幅広く、それこそやろうと思えばなんでもそうだ、というぐらいいっぱいある。私がいちばん陥りやすそうなのが「あえて業を肯定」だ。いかにもそうなりそう。というか、水が高いところから低いところに流れるように自然と、そういうふうになってしまいそうなのだ。「そんなことが品も悪くてかっこも悪いことぐらいわかってるよ。でも何も考えてないよりはマシだよ」とか、ああ、もう、言い訳のセリフがいくらでも湧いて出てきそうだ。

そういうことになってはいけない。

猫とともにあろう

才能がない者が、その才能のなさにあぐらをかいてはいけない。

そこのところの努力は、「品格について考える＝品格の低い行為」とは別物である。

でもそれ、すごく難しいんですけどね。峻別《しゅんべつ》が困難だし、自分で「今私のやってることはどっちなのか」がわからなくなる。「これはイイのか？　ダメなのか？」

判断つかなくて、ダメなほうをイイとしてそのまま行っちゃったら困ったことになる。

しかし判断がつかないんだからどうしようもない。どうする？

そういう時こそ猫だ。

自分ちのダメ猫でもいい。

人様の家の普通猫でもいい。

誰が飼っているのかわからない、素晴らしい野良猫でもいい。

いろいろな猫が、いろいろに暮らしているのを見ていれば、その猫どもの、ものにこだわらない、しかしちょっと小心だったり慌て者だったりする様が、よく煮込まれたおでんのちくわに満ちているダシのように、こちらの体にしみこんでくるはずだ。

そうすると、なんだか「ああ、こんなふうに生きてる猫さまはすばらしい……」と心から思えるようになり、そして、「どーだっていいや、品格なんて」と、心から思えるようになる。

ま、その効能というのはそう永続的ではないので、何かあれば猫の姿を見るべきで、そのためには猫が常に身近にいるという状況をつくっておいたほうがいいと思う。以前私は、「一家に一猫、いや一部屋に一猫、いや一畳に一猫」というのをそれとなく提唱していたのだが黙殺されたようなので（一畳に一猫はさすがにちょっといろいろとたいへんな事態を招くだろうから撤回する）、ここでもう一度高らかに提唱をしてみたい。

あなたが品格の高い人間になりたいのなら、猫とともにあろう。

あとがき

この本を書き始めた時、うちの老猫のラマちゃんは、トシのせいか骨と皮ばかりに痩せこけ、ふつうに座っているつもりだろうにもかかわらず、いつも「うんこをする時」のように尻を浮かせて突き出し、そういう姿勢になると自然とアゴもつきだすような格好になり、その姿を見ているだけでもう「ああ、こいつは長くない。まあ二十年生きてるし、そろそろ子猫とかも飼いたいと思ってたし」という気持ちになって、あの世からお迎えがくる日を、指折りとは言わないが、なんとなく数えて待っていたようなところがあった。

食欲もなくなってきて、食べても吐いたりしている。これはいよいよか、と思ったのが二〇〇八年の初夏だ。この夏は越えられまいというのが飼い主の一致した意見だった。

しかし吐いたりしているのを放置するのもなんだから、獣医に連れていって点滴をしてもらうことにした。点滴ったって、リンゲル液だから気休めみたいなものである。

でも気休めって、すごいものなんですね。

週に一度の点滴で、禿《は》げていた耳の毛はどんどん生えてきて、今まで白髪だらけでバサバサだった体のうち、上半身は若い頃、とまではいかないが初老の頃ぐらいまでの色ツヤを取り戻したではないか。

もちろん死ぬ気配はない。

元気になってくれたらけっこうなことなんだが、考えてもみてほしい、これはつまり、九十歳でヨボヨボ、体中ガタがきたおじいちゃんが寝込んで入院していたのが、どういうはずみかでちょっとよくなって退院を許された、ようなものである。家でだってほっとくわけにはいかない。老人食をつくり、薬を飲ませ、オムツを替えてやり、挙げ句に文句言われて「あのまま死んでくれりゃよかったのに」と思ったりするという、そういう状況である。まあ、猫の老人と人間の老人ではずいぶん規模が違うので、介護の大変さを一緒にしたら老人介護やってるご家族に怒られてしまうが。

しかし週一の点滴ですっかり持ち直したラマちゃんは、夜中二時間ごとにエサを要求し、無視して寝てるとヨダレをこっちの顔に垂らすという方法で目を覚まさせる。という話は本文にもさんざん書いた。今も目の前で、ファンヒーターの温風吹き出し口にぴったりくっついて座ってこっちを見ている。口からは棒を垂らしている。ヨダレの粘度が高くて量が多いもんだから、垂らしてる様が棒みたいなんですよ。これも書いたか？　昼間、こっちが起きてる時には寝てるか棒垂らしてるかで、こっちがフトンに入った頃を見はからって二時間おきのエサ攻撃にかかる。クダちゃんも付和雷同する。これも書いた。

　はっきりいってタイヘンである。やってられんと思うこともある。そろそろいってくれ、と思うこともある。今、近所のスーパーマーケットの裏に猫の一家が棲みついていて、白黒の可愛い子猫がいっぱいいる。クダちゃんが白黒猫だから、ここはわが家の猫も白黒で揃えたらどうだ。

　などと考えていた。

　そういうことを冷たいとか言って批判する人は、猫と本当につき合っていないのだ。私だってラマちゃんが死んだ時には、やっといってくれたねえと笑っていたら、ぼたぼた涙がこぼれて止まらなかった。ラマちゃんは死んだ姿もぼろぼろで、死に顔もべつにキレイでもなんでもなく、毎日全世界でふつうに繰り返されている「ただの猫の死」なんてこんなものなのだ。それでもラマちゃんはわが家にとって忘れることのできない「愛すべきやっかい者」だった。

……と書くとまるでラマちゃんが死んだみたいだ。本当はあとがきにこういうことを書いて、せめてラストは感動的に、とか思っていたんだけれど、相変わらずラマちゃんは死ぬ気配も見せず、口から棒を垂らしてそこに突っ立っている。今のところ、うちの猫にはウンザリさせられている。

しかし、業の深い自分のことを考えると、けっこうえらいよな、こいつらも、と思うのである。しかし口から棒出してるやつを尊敬するのはなかなか難しい。ま、品格高き人生を送るために、がんばろう。

青木るえか

二〇〇九年三月

青木るえか（あおき　るえか）
1962年、東京都生まれ。『週刊文春』に「テレビ健康診断」、『週刊朝日』に「新書の穴」、大阪スポーツニッポン競馬面で「ギャンブル絵本」を連載。著書に『主婦でスミマセン』『主婦は踊る』『私はハロン棒になりたい』『青木るえかの女性自身』『OSKを見にいけ！』などがある。

文春新書

695

猫《ねこ》の品格《ひんかく》

2009年(平成21年) 4月20日　第1刷発行

著　者　　青木るえか
発行者　　細井秀雄
発行所　株式会社　文藝春秋

〒102-8008　東京都千代田区紀尾井町 3-23
電話　(03) 3265-1211（代表）

印刷所　　理想社
付物印刷　大日本印刷
製本所　　大口製本

定価はカバーに表示してあります。
万一、落丁・乱丁の場合は小社製作部宛お送り下さい。
送料小社負担でお取替え致します。

ISBN978-4-16-660695-5

多和田　悟
犬と話をつけるには
盲導犬を育てて三十年、魔術師と呼ばれる訓練士が、犬との会話法を伝授する。「エサをくれる人」から尊敬される飼い主へ昇格できる
508

兵藤哲夫＋柿川鮎子
動物病院１１９番
病院選びはどうすればいいか？　飼育費はいくら必要か？　こんな法律もあるの？　ペット・ライフに不可欠な情報が満載の一冊！

441

亀和田　武
人ったらし
美男美女でないがなぜかもてる、信用できないがどこか憎めない「人ったらし」処世術をポップに考察する。俎上に上る人物の評も鮮やか
597

木田　元
なにもかも小林秀雄に教わった
「ボードレールもランボオも、アランもドストエフスキーも、西行も実朝も、ゴッホもセザンヌも、なにもかも小林秀雄に教わった」
658

宇野功芳＋中野　雄＋福島章恭
新版　クラシックＣＤの名盤
好評『クラシックＣＤの名盤』から九年。個性溢れる三者の、魂の丁々発止再び。近年の人気曲も大幅追加したＣＤガイドの決定版
646